拖拉机双离合器
自动变速器关键技术

徐立友 等 著

中国农业出版社
农村读物出版社
北京

图书在版编目（CIP）数据

拖拉机双离合器自动变速器关键技术 / 徐立友等著
. —北京：中国农业出版社，2022.7
ISBN 978-7-109-29722-7

Ⅰ.①拖… Ⅱ.①徐… Ⅲ.①拖拉机－离合器－自动变速装置 Ⅳ.①S219

中国版本图书馆 CIP 数据核字（2022）第 129803 号

中国农业出版社出版
地址：北京市朝阳区麦子店街 18 号楼
邮编：100125
责任编辑：刘 伟 冯英华 文字编辑：李兴旺
版式设计：李文强 责任校对：吴丽婷
印刷：中农印务有限公司
版次：2022 年 7 月第 1 版
印次：2022 年 7 月北京第 1 次印刷
发行：新华书店北京发行所
开本：787mm×1092mm 1/16
印张：13
字数：320 千字
定价：78.00 元

著 者

徐立友　张静云　张 帅

前言

　　拖拉机双离合器自动变速器是集机、电、液、控于一体的拖拉机核心总成，具有手动变速器油耗低、结构紧凑等优点，同时换挡时间短，操作平稳流畅。拖拉机双离合器自动变速器的开发涉及的方面很广，主要包括整个拖拉机发动机的选型、传动系统的匹配、变速器机械结构设计、液压系统设计、电控系统设计等诸多方面。我国是一个农业大国，拖拉机生产量及保有量居世界前列，拖拉机产品的研发在我国农业现代化建设过程中占有重要地位，不断提升拖拉机产品的技术水平是一项艰巨的任务。

　　全书共8章，第1章为拖拉机双离合器自动变速器的发展概述、分类及其特点、基本组成、关键技术；第2章为拖拉机双离合器自动变速器结构与工作原理，主要针对拖拉机双离合器自动变速器的机械系统、电控系统和液压系统进行了详细阐述；第3章围绕拖拉机双离合器自动变速器机械系统相关内容展开，包括拖拉机双离合器自动变速器机械系统性能分析，双离合器自动变速器齿轮轴系结构的设计，拖拉机双离合器自动变速器换挡过程中力学特性分析，以及拖拉机双离合器自动变速器动力传递分析；第4章主要对拖拉机双离合器自动变速器油供给系统进行介绍，介绍了双离合器自动变速器油供给系统的结构、密封、润滑和冷却作用；第5章介绍了拖拉机双离合器自动变速器液压控制系统，从液压控制系统的组成和工作原理出发，对拖拉机双离合器自动变速器液压控制系统的控制方式进行了详细的讲解；第6章对拖拉机双离合器自动变速器电控系统进行了介绍，详细讲解了电控系统的组成及工作原理，电控系统不同传感器的作用，并对电控系统的控制方法和硬件设计展开讨论；第7章主要对拖拉机双离合器自动变速器实体建模与有限元分析进行介绍，详细阐述了拖拉机双离合自动变速器三维实体建模、装配检验和有限元分析，从而完成了拖拉机双离合器自动变速器结构的静力学和动力学分析；第8章为拖拉机双离合器自动变速器换挡控制技术，从换挡过程动力学分析入手，对换挡控制器进行设计和仿真。其中，第1章至第3章由徐立友编写，约13万字；第4章至第6章由张静云编写，约10万字；第7

章和第 8 章由张帅编写，约 9 万字。

本书的研究内容是在"十三五"规划国家重点研发计划项目（2016YFD0701002）的资助下完成的，在此由衷地感谢评审专家和基金委工作人员的信任和支持，感谢项目课题组成员的不懈努力。由于作者水平有限，书中难免存在不足之处，恳请读者提出宝贵意见。

徐立友

2022 年 6 月

目录

144 第7章
拖拉机双离合器自动变速器实体建模与有限元分析

第1章 绪 论

我国正处于由传统农业向现代化农业过渡的重要时期，农业机械化程度是农业现代化的重要评价标准之一。拖拉机作为主要的农业机械，在我国农田建设和作业、农业运输等农业生产领域应用十分广泛。我国是一个农业大国，拖拉机生产量及保有量居世界前列，拖拉机产品的研发在我国农业现代化建设过程中占有重要地位，不断提升拖拉机产品的技术水平是一项艰巨的任务。

1.1 拖拉机双离合器自动变速器的发展概述

1939 年，德国人 Kegresse.A 率先将双离合器自动变速器（dual clutch transmission，DCT）应用于货车上，受制于当时落后的电子技术和液压技术，未能批量生产。随着电子控制技术和液压控制技术的发展，双离合器自动变速器的研发时机日趋成熟，国内外都投入了较大力量对双离合器自动变速器进行开发和研究，至今已有多种形式的双离合器自动变速器应用于车辆中。

20 世纪 90 年代，大众公司和博格华纳公司共同研制出一款双离合器自动变速器系统，并且将这种变速器首次应用到大众生产的轿车上。由于双离合器自动变速器是在手动变速器的基础上开发设计的，所以双离合器自动变速器成为现存唯一一款能同时匹配汽油机、柴油机和标准发动机的变速器。投入量产之后，双离合器自动变速器迅速占领市场份额，发展成为变速器市场上的主流产品。在西方尤其是欧洲市场，双离合器自动变速器已经开始大批量生产制造。同具有悠久历史的传统手动变速器和自动变速器相比，该产品使得变速器具备自动换挡功能，在提高车辆的动力性、燃油经济性和乘坐舒适性的同时，保证了车辆在换挡过程中动力不中断，在多种自动变速器种类性能对比中具有明显优势。

2003 年博格华纳开发的 DCT 批量生产，并应用于高尔夫 R32 和奥迪 TT 上，该型DCT 结构简图如图 1-1 所示。

双离合器自动变速器由于各方面优越的性能而被广泛应用于赛车及跑车上。2007 年，三菱在东京发布了研发的双离合器自动变速器——SST（sport shift transmission），并应用于第十代 EVO 上。2009 年保时捷推出双离合器自动变速器产品并命名为 PDK，并配装于保时捷 911 卡雷拉上。目前，双离合器自动变速器在宝马、高尔夫等车上均已批量应用。

1.1.1 国内拖拉机变速器研究现状

国内对于拖拉机变速器的研究起步较欧美等国家晚，由于人们在农业生产中的劳动量愈来愈大，人们对拖拉机的高效性日渐青睐。20 世纪 50 年代，受限于当时的新中国生产力相

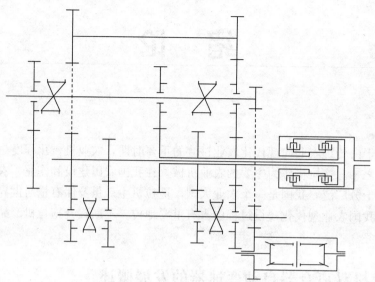

图 1-1　上海大众 DCT 变速箱结构

对不发达，中国一拖公司临危受命，制造出了我国第一台真正意义上的履带式拖拉机。随着新中国经济水平的提高和科技创新力度的加强，21 世纪以后，国家对大、中型拖拉机的研发投入了大量人力物力。2010 年，中国一拖与国际先进研究所合作研发生产了 LA/LZ/LF 系列电液操纵动力换挡拖拉机，其功率的覆盖范围为 70～220kW。2015 年，中联重科自主研发出了部分动力换挡拖拉机，其可以在段内使用动力换挡，而在段间实现同步器换挡，我国自主产业品牌在动力换挡变速器方面的空白终于被填上。总体来说，国内拖拉机变速器的研究依然处于对国外先进技术的引进和自主研发互相结合的阶段。但不可否认的是，国内拖拉机变速器的制造工艺水平与国外先进的相比甚至落后 10 年以上，其中就包括变速器排挡齿轮的加工自动生产线很少、工序运转冗长复杂、质量控制参差不齐；主副离合器需要使用冲压成型，对精度的要求极高，国内目前尚未有相关厂家能够形成自主开发和批量生产的能力。

1.1.2　双离合器自动变速器研究现状

双离合器自动变速器的发展要追溯到欧洲人对机械美学以及驾驶激情的执着追求，他们用自己对驾驶感与操纵性理解不断推进着变速箱的研发与革新。

在 20 世纪 30 年代，德国达姆施塔特大学教授 Rudolf France 首先在世界范围提出了动力换挡的概念，他在卡车上进行了大量的装车试验，但是受限于落后的控制技术，未能使这种变速器得到批量生产，这便是双离合器变速器的雏形阶段。

1939 年末，德国人 Kegresse. A 改变了传统手动变速器的设计理念，他提出了将手动变速器分为两个部分的设计概念：一部分传递奇数挡位，另一部分传递偶数挡位，实现在不切断动力的情况下转换传动比，从而缩短换挡时间，并且还申请了世界上第一个双离合器变速器的专利。

随后，保时捷公司在 1985 年重新设计了这种双离合器变速器，采用了单中间轴结构，主输入轴采用了轴套的形式，使其单根轴上的挡位数增加到了 3 个，总前进挡位数达到了 6 个，主要在赛车上投入使用，取得了良好的成效。但是，出于对结构、成本等方面的考虑，保时捷公司也没有将这种变速器投入量产，如图 1-2 所示。

到了 20 世纪末期，德国大众公司与博格华纳公司一起开始研发直接换挡变速器（direct shift gearbox，DSG），它的原理与双离合器变速器如出一辙。2001—2003 年，DSG 投入了量产，逐渐应用到了德国大众公司的诸多乘用汽车上。

图 1-2 保时捷公司 DCT 设计产品

进入 21 世纪后，中国的汽车市场逐渐有了起色，人们对车辆的要求也越来越高。2006 年，双离合器自动变速器项目被国家列入"十一五"863 计划，并在同年 6 月，国内首次引进了大众配备的 6 挡 DSG 车辆。2009 年 4 月，第一届国际汽车自动变速器研讨会由中国汽车工程学会举办，并在上海完美开幕。来自中国及世界各地的车辆方面专家就自动变速器技术和未来发展方向进行了详细研讨，更有对双离合器自动变速器的特别强调，由此为双离合器自动变速器在中国汽车市场占据一片天地奠定了基础。

1.1.3 拖拉机双离合器自动变速器应用前景

拖拉机在农业生产过程中的使用情况相对于汽车在公路上的情况要复杂得多。一方面，长时间在恶劣环境下作业会使驾驶员产生强烈的疲劳感，甚至可能出现误操作，使得作业效率发生大幅下滑；另一方面，传统的拖拉机变速箱在作业换挡过程发生的动力中断现象也让驾驶员头疼不已。除此之外，随着人们总体生活质量的提高，人们还对拖拉机驾驶过程中的舒适度、作业过程中的经济性和环保性都提出了相当高的要求，普通的手动变速器和部分动力换挡变速器已渐渐无法满足需求。而双离合器自动变速器在汽车上的使用已经日渐成熟，其基于手动变速器的发展，保留了可以传递大扭矩、传动效率高、动力不中断以及机械结构简单的优点，这些特点对于在拖拉机实际使用过程中都是必不可少的。

拖拉机双离合器自动变速器的开发涉及的方面很广，主要包括整个拖拉机发动机选型、传动系统匹配、变速器机械结构设计、液压系统设计、电控系统设计等诸多方面。我国的各大拖拉机厂商和各个高校已经对拖拉机双离合器自动变速器有了一定的研究。例如，刘海亮等对拖拉机 DCT 传动系统进行建模以及仿真分析，周志立等对拖拉机双离合器自动变速器的换挡品质评价指标进行了完善，徐立友等对多段式液压机械无级变速器特性进行了分析。还有部分高校对拖拉机双离合器自动变速器机械结构、液压系统、控制系统方面的研究都取得了很大进展，并成功申请了许多相关专利。

综上所述，对于 DCT 在拖拉机上的应用其实是适应了拖拉机变速器发展大环境，只有不断研究 DCT 的关键技术、完善控制理论和方法，才能形成一套完整的拖拉机自动变速器理论体系。因此，DCT 的使用在拖拉机实际农耕中将会发挥重要作用，具有很大的发展潜力。

1.2 拖拉机双离合器自动变速器的分类及其特点

车辆上广泛应用的自动变速器有液力自动变速器（automatic transmission，AT）、电控机械式自动变速器（automated mechanical transmission，AMT）、无级自动变速器（continuously variable transmission，CVT）和双离合器自动变速器（dual clutch transmission，DCT），这四种类型的自动变速器在功能、制造、安装、维护、成本等方面各有优缺点。

1.2.1 液力自动变速器

AT 是一种由行星齿轮排和液力变矩器组成的自动变速器，起源于 20 世纪 30 年代，液力变矩器安装在发动机和变速器之间，以液体作为动力传递介质。AT 是一种介于有级和无级之间的变速器，实现了发动机和传动系之间的柔性连接和传动。其优点是换挡平稳、易于驾驶、功能完善、种类齐全、延长了传动系统的使用寿命，适用于各种功率和转矩输出的车辆，在汽车上应用较为广泛。其缺点是结构复杂、成本高、维修困难，并且由于液力变矩器传动效率低，装配 AT 的车辆在油耗方面比装配手动变速器高。

1.2.2 电控机械式自动变速器

AMT 是在原有摩擦式离合器和手动机械式变速器的基础上，加装自动执行机构和电子控制单元，使原有的手动结构实现自动换挡的变速器。首台 AMT 在 20 世纪 80 年代推出并应用在轿车上。目前，在拖拉机领域，AMT 仍没有得到广泛应用。其优点是变速器对原有传动系统做了最大限度的保留，对手动变速器的优良性能有良好的继承性，传动效率高、成本低、易于制造。其缺点是换挡过程动力中断，操作舒适性差。随着电子控制技术的发展及 AMT 控制策略研发的不断成熟，这些缺点不断被克服。因此，AMT 在变速器领域拥有较大的潜在市场。

1.2.3 无级变速器

无级变速是一种理想的车辆变速方式。CVT 产生于 20 世纪 80 年代，它采用传动钢带和工作直径可变的主、从动轮相配合的传动方式传递动力。CVT 主要由传动带、主动轮、从动轮和液压压紧机构等基本部件构成。其优点是可实现传动比的连续变化，具有良好的动力性和燃油经济性，乘坐舒适，运行平稳，节能环保。其缺点是技术发展尚未成熟，启动性差，转矩传递有限（仅用于中小功率的转矩传递），成本高和难以制造等。因此，在自动变速器市场中 CVT 所占份额较少。

1.2.4 双离合器自动变速器

DCT 是奇数挡和偶数挡分开排挡的一种变速器，其通过切换与奇数挡和偶数挡相连的两个离合器实现换挡。DCT 产生于 20 世纪 40 年代，是手动变速器与自动变速器的结合和重新优化。其优点是结构紧凑、继承性好，换挡平稳、乘坐舒适性好，功率传递不受限制，换挡时动力不中断，传动效率高。其缺点是只能顺序升降挡位，换挡过程控制较难，离合器的切换时机及接合速度很难把握等。随着电子控制技术及液压操纵系统的不断发展，换挡控制技术不断提高，DCT 在变速器领域具有很大的发展空间。

1.2.4.1 按照形式分类

DCT 按照嵌套离合器的种类分为湿式双离合器和干式双离合器。

（1）湿式双离合器 湿式双离合器，顾名思义其两个摩擦片均浸泡在自动变速器油（automatic transmission fluid，ATF）中，离合器在接合与分离的转换过程中会产生大量的热，正是由于 ATF 作为离合器中主动压盘和从动压盘之间存在的介质，使离合器之间摩擦而产生的热量大大减少，允许其在低挡位大扭矩的状态下传递动力而不会烧蚀离合器摩擦片的衬面。同时，ATF 还存在着润滑的作用，使离合器主从动压盘之间不会产生剧烈的磨损，能够使离合器长时间保持在良好的工作状态，延长了离合器的使用寿命。但是，也正是由于油液的存在，导致摩擦片之间可能会出现滑转的现象，变速器的传递效率也会相应地下降。

（2）干式双离合器 干式离合器与湿式离合器有所不同，其本质区别在于离合器工作的环境。干式离合器采用膜片弹簧供给摩擦片接合时所需要的压力，具有转动惯量小、调整方便、过载保护能力强等特点。但是，与湿式离合器不同的是，由于其被动散热的特点，导致离合片滑摩时产生的热量仅仅通过飞轮和压盘等来吸收。由于没有 ATF 作为介质帮助散热，干式离合器会受到滑摩过程中产生热量的限制，只能适用于滑摩时间短、扭矩传递小的使用工况。

干式离合器与湿式离合器还有其他一些优缺点，对比如表 1-1 所示。

表 1-1 干式离合器与湿式离合器对比

种类	干式离合器	湿式离合器
优势	机械效率高 结构简单紧凑 轴向长度小	摩擦特性较为稳定 控制过程容易实现 主、从动摩擦片直径小
缺陷	摩擦片直径较大 长时间润滑条件差 使用寿命较短	轴向长度较大 液压系统导致传动效率降低 结构相对复杂

1.2.4.2 按照结构分类

双离合器变速器依然沿用手动变速器的相关特征，其机械定轴式的结构特点可以组合出多种传动方案，总体上可以按照其中间轴的数量分为三大类：两轴式、单中间轴式、双中间轴式。

（1）两轴式 两轴式 DCT 结构组成是由两根挡位齿轮传动轴和一根主输出轴组成的，其中偶数挡位齿轮轴是实心轴，而奇数挡位齿轮轴是空心轴，实心轴嵌套在空心轴中，而奇数、偶数挡位齿轮按照设计要求是固连在轴上的，其动力直接由主输出轴传递至主减速器、差速器，最后到达轮毂，如图 1-3 所示。这类结构最大特点在于齿轮的紧凑排列，径向尺寸很小。但是，由于输出轴的数量单一，轴向长度又有所限制，导致该结构的挡位设计数目不能过多，并且缺失了直接挡。当汽车高速行驶时，高挡位齿轮轴系将会承载大量的转矩，由此会产生大量的磨损，导致使用寿命的严重下滑。

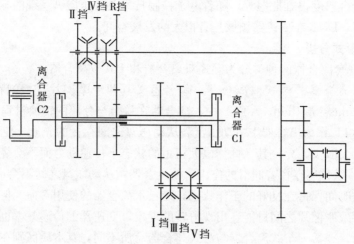

图 1-3 两轴式 DCT 结构

（2）单中间轴式 单中间轴 DCT 结构组成与两轴式结构组成较为相似，也是采用两根挡位齿轮传动轴，同时实心轴嵌套在空心轴中。其不同点在于主输出轴部分变为一对输出齿轮，与奇数、偶数挡位主动齿轮相啮合的从动齿轮均安装在与输出齿轮相连接的中间轴上，如图 1-4 所示。当变速器工作时，发动机动力经过挡位齿轮传递至输出轴的过程中，经历了中间轴传递动力。因此，这种结构的变速器最大特点是可以实现直接挡。但是，当中间轴过长时，需要对其进行固牢以防止所受径向力过大而导致变形失效。

（3）双中间轴式 双中间轴式 DCT 是目前前置前驱乘用车、载货卡车、重型工程车辆等经常采用的布置形式，如图 1-5 所示。该结构具有显而易见的优点，与两轴式相比，可

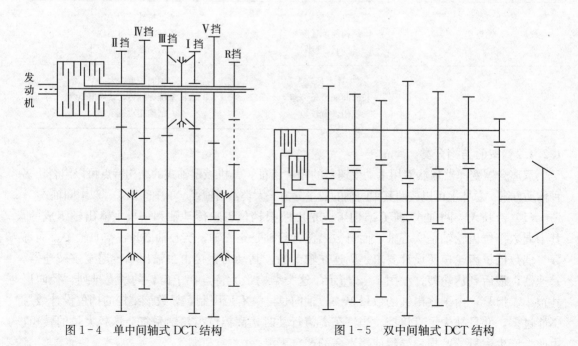

图 1-4 单中间轴式 DCT 结构　　　　　　图 1-5 双中间轴式 DCT 结构

以实现直接挡位的动力传递；与单中间轴式相比，可以增加更多的工况挡位数量，以减少发动机的功率损耗。同时，该双中间轴的结构由于径向齿轮呈对称结构，即每一挡齿轮都有两对齿轮副相啮合传递动力，因此可以保证挡位齿轮的所受径向力相对平衡，既可以传递较大扭矩又拥有较长的使用寿命。

1.3 拖拉机双离合器自动变速器的基本组成

　　双离合器自动变速器系统主要由双离合器模块、齿轮轴系、离合器换挡执行机构、齿轮轴系换挡执行机构、变速器控制单元（TCU）和各种传感器等组成。DCT 在换挡时，通过控制奇数挡齿轮轴和偶数挡齿轮轴分别与离合器接合，在下一个挡位传递动力之前，就通过同步器预先接合，需要时可以立刻传递动力。其换挡过程非常迅速，试验数据显示换挡时间可以控制在 0.2s 内，消除了换挡中断的问题，而且换挡过程平稳无冲击。

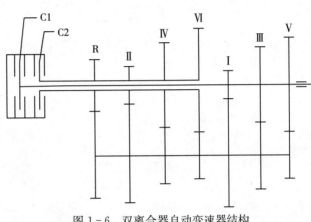

图 1-6　双离合器自动变速器结构

　　图 1-6 所示为双离合器自动变速器结构简图，主要由双离合器、奇数挡动力输出轴、偶数挡动力输出轴、各挡齿轮及相应的同步器（未显示）组成。其奇数挡与双离合器 C1 连接，倒挡和偶数挡与双离合器 C2 连接。齿轮轴系和同步器之类的零部件均与手动变速器相同。

1.4 拖拉机双离合器自动变速器关键技术

　　DCT 主要由机械系统和控制系统两部分组成。机械系统与手动变速器相似，易设计。控制系统是 DCT 的关键部件，其核心技术主要是起步控制策略、综合智能换挡规律和换挡品质的改善方法这 3 个方面。

　　DCT 在换挡过程中，两个离合器都会有处于滑摩的阶段，这样会产生较多的热量，如果不及时散发出去，离合器摩擦面的局部温度会非常高，会使摩擦片的翘曲变形，严重的会烧结在一起，进而缩短离合器的使用寿命和损坏离合器的使用性能。所以离合器摩擦片材料、耐磨性、摩擦系数及其摩擦面的油槽设计形式都是需要解决的关键问题。

　　DCT 在换挡过程中，一组离合器要从开始时的接合状态逐渐到滑摩状态，最后再到完全分离状态，不再传递动力；另一组离合器要从开始的分离状态过渡到滑摩状态，最后到完全接合状态，传递全部动力。在这个过程中，为了使传动系统传递的动力不中断，两组离合器一定存在部分的叠加。特别对于在田间工作拖拉机来说，工作阻力较大，换挡过程中，要

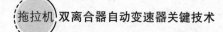

保证拖拉机的动力性，两组离合器的分离、接合要有恰当的叠加。若两组离合器叠加过多，不会使冲击度和滑摩功急剧增加，导致传动系统的耐久性变差，还可能会出现挂双挡的情况，致使发动机熄火；若两组离合器叠加过小，会出现换挡过程中传递的动力不足，影响拖拉机的动力性，使拖拉机无法正常作业。所以，在换挡过程中如何控制好离合器接合与分离时序，是拖拉机 DCT 换挡特性研究中最重要的问题之一。

第2章 拖拉机双离合器自动变速器结构与工作原理

双离合器自动变速器具有手动变速器油耗低、结构紧凑等优点，同时换挡时间短，操作平稳流畅。现阶段多个机构已经开发研制出不同类型的 DCT，每种变速器又有各自的结构特点，所以要设计用于拖拉机的 DCT 传动方案，就需要对不同类型的 DCT 结构进行分析，在此基础上提出合理的传动方案。

2.1 基本结构特点和工作原理

DCT 结构原理如图 2-1 所示，离合器 C1 和 C2 的接合与分离，由电控系统、机械系统以及液压系统共同控制。在开始换挡的前一时刻，离合器 C1 处于完全接合状态，离合器 C2 处于完全分离状态。换挡动作开始后，前一时刻处于接合状态的离合器开始慢慢分离，同时，前一时刻处于分离状态的离合器开始慢慢接合，二者动作同步进行，直至换挡动作完成。这样，在换挡过程中，始终有一个离合器处于接合状态，通过与之相连的输出轴传递发动机动力，而不需要完全切断动力。

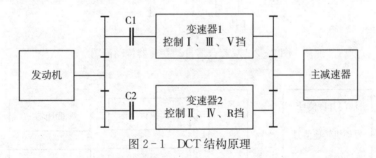

图 2-1 DCT 结构原理

DCT 结构与其他类型变速器差别很大，某（5+1）挡 DCT 传动简图如图 2-2 所示。DCT 由与奇数挡输入轴固接的离合器 C1、与偶数挡输入轴固接的离合器 C2、奇数挡输入轴、偶数挡输入轴、中间轴、奇数挡输出轴、偶数挡输出轴、奇数挡主从动齿轮、偶数挡主从动齿轮及液压操控机构和电子控制单元构成。换挡控制基本原理如图 2-3 所示。

当车辆以 I 挡起步前，离合器 C1、C2 均处于分离状态，DCT 处于空挡。当电子控制单元收到起步指令后，给换挡控制执行机构发出换上 I 挡指令，换挡控制执行机构将 I 挡同步器与 I 挡齿轮啮合，换上 I 挡。然后，电子控制单元给离合器 C1 的控制单元发出离合器 C1 的接合指令，离合器 C1 的控制单元控制离合器 C1 逐渐接合，同时车辆开始起步。当离合器 C1 完全接合后，车辆起步过程最终完成，且车辆以Ⅰ挡行驶。此时，发动机的输出动力经离合器 C1 传递给奇数挡输入轴，再经与奇数挡输入轴固接的Ⅰ挡主动齿轮传递给Ⅰ挡从动齿轮，之后经与Ⅰ挡从动齿轮固接的奇数挡输出轴将动力传递到主减速器，进而传递到差速器，转矩传递路线如图 2-4。

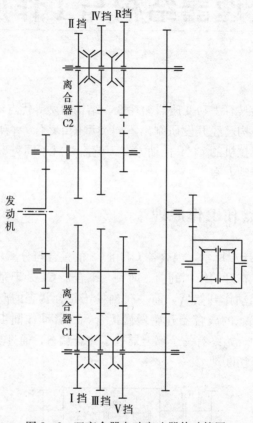

图 2-2　双离合器自动变速器传动简图

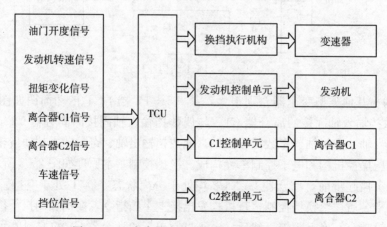

图 2-3　双离合器自动变速器控制系统基本原理

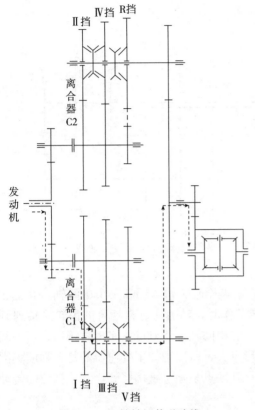

图2-4　Ⅰ挡转矩传递路线

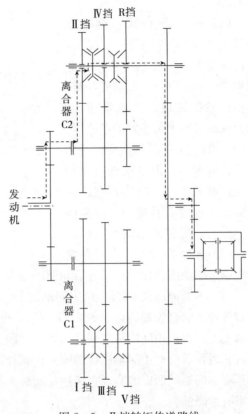

图2-5　Ⅱ挡转矩传递路线

当车辆以Ⅰ挡起步完成后，离合器C2仍处于分离状态，当车速上升到Ⅱ挡换挡点时，电子控制单元就会给换挡控制执行机构发出换上Ⅱ挡指令，换挡控制执行机构将Ⅱ挡同步器与Ⅱ挡主动齿轮啮合，提前换上Ⅱ挡，接着电子控制单元会给离合器C2控制单元发出接合指令，给离合器C1控制单元发出分离指令，离合器执行机构通过控制两组离合器的油压变化来使离合器C1逐渐分离、离合器C2逐渐接合，直至离合器C1完全分离、离合器C2完全接合，最后，电子控制单元就会给换挡控制执行机构发出摘下Ⅰ挡指令，摘下Ⅰ挡，最终完成了Ⅰ挡换Ⅱ挡。此时，发动机的输出动力经离合器C2传递给偶数挡输入轴，再经与偶数挡输入轴固接的Ⅱ挡主动齿轮传递给Ⅱ挡从动齿轮，之后经与Ⅱ挡从动齿轮固接的偶数挡输出轴将转动力递到主减速器，进而传递到差速器，转矩传递路线如图2-5。在车辆行驶过程中，其他挡位的切换与上述过程类似，奇数挡动力的传递路线与图2-4类似，偶数挡动力的传递路线与图2-5类似。

2.2 机械系统

双离合器变速器具有手动变速器的特征，其齿轮轴系采用机械定轴式变速器结构，有多种传动方案。按照变速器中中间轴的数量，可以分为两轴式、双中间轴式和单中间轴式 DCT。

（1）两轴式 DCT 两轴式 DCT 结构简图如图 2-6 所示，其齿轮轴系由一根动力输出轴和两根奇、偶挡齿轮轴组成，奇、偶挡齿轮按照设计要求常啮合，动力从输出轴上传递到主减速器。这种类型的 DCT 结构特点是径向尺寸比较紧凑，但是受轴数量和轴向长度的限制，挡位不宜设计过多，而且没有直接挡。在高挡位工作时，齿轮轴系同时承载转矩，噪声和磨损较大，多用在发动机前置驱动或者发动机后置后轮驱动的车辆上。

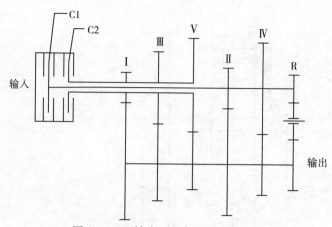

图 2-6 两轴式双离合器自动变速器

（2）单中间轴式 DCT 单中间轴式 DCT 装配有两个动力输入轴和一个中间轴，其上布置着各种常啮合齿轮副，如图 2-7 所示。变速器工作时，动力通过常啮合的齿轮副传递到中间轴上，再由中间轴传递到输出轴上。因为设计有中间轴，所以可以实现直接挡。当中间轴过长时，需要对中间轴进行加固防止其径向变形过大，所以增加了变速器的复杂程度。因为具有中间轴，所以能实现直接挡是其最大特点，其缺点是除了直接挡外，其他挡位的传动效率有所降低。

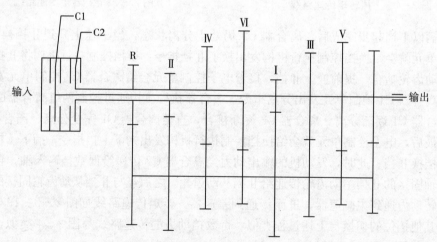

图 2-7 单中间轴式双离合器自动变速器

（3）双中间轴式 DCT 双中间轴式 DCT 与前两种变速器相比，最大的区别就是使用了两根中间轴，动力传递从输入轴到输出轴上，如图 2-8 所示。与两轴式 DCT 相比，其能实现直接挡的布置形式；与单中间轴式 DCT 相比，其能增加更多的挡位。但是由于其减小了变速器的轴向尺寸，所以径向尺寸反而有所增加。每一挡都需要至少两对齿轮副相啮合传递动力，所以其传动效率也有所下降。这种 DCT 形式适合布置挡位较多、对变速器轴向尺寸要求较高的情况。前置前驱的乘用车、中重型工程车辆需要传递较大转矩，常采用此种变速器布置形式。

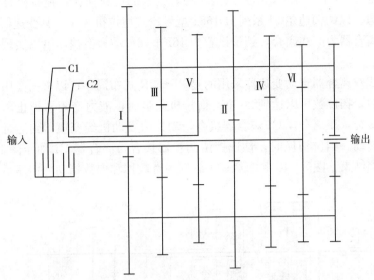

图2-8 双中间轴式双离合器自动变速器

液力机械式双离合器自动变速器结构如图2-9所示。其主要由主副离合器、液力变矩器、PTO转速切换同步器、双离合器、变速器和中央传动组成。此型液力变矩器导轮为固定式，最大效率可达到92％以上，失速点变矩系数K在3～4之间，而且结构简单、性能可靠，后期维修保养方便。

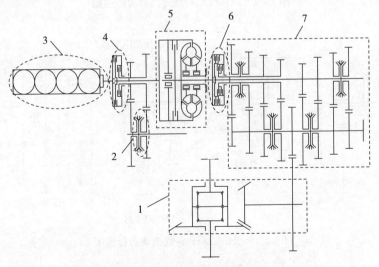

图2-9 HM-DCT结构原理

1. 中央传动　2. PTO转速切换同步器　3. 发动机　4. 主副离合器
5. 液力变矩器　6. 双离合器　7. 变速器

拖拉机变速器并不同于其他类型汽车变速器，拖拉机多行驶于非铺装路面，且要同时兼顾运输和牵引多种工况。为保证拖拉机大负载使用要求，而且确保发动机在各个行驶速度区间都处于经济工作区，因此要合理分配挡位数量和速比。目前市场上采用自动变速器的拖拉机，挡位一般都在24个（16F＋8R）以上，随着技术的更新换代，拖拉机自动变速器挡位数还有上升趋势。以约翰迪尔6J系列JD1654型号轮式拖拉机为例，其变速器采用的是动力换挡变速器，离合器为湿式离合，挡位设置为16F＋16R动力换挡，可以实现液压前后换向功能。

液力机械式双离合器自动变速器采用的是8F＋2R式布局，可以根据使用要求选配副变速器增加挡位数，挡位数可以达到20个。拖拉机起步时，液力变矩器锁止离合器打开。预选挡位同步器接合，双离合器C1离合器接合，动力由发动机经变矩器到达奇数挡轴，带动预选挡位齿轮转动。挡位切换时，预选挡位同步器接合，离合器C1油压降低，离合器C2油压升高，换挡结束。图2-10和图2-11分别为奇数挡和偶数挡动力传递示意图。

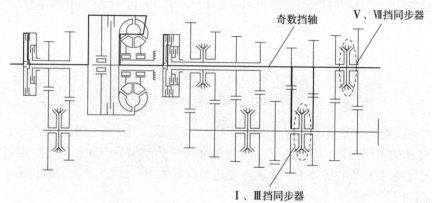

图2-10 HM-DCT奇数挡动力传递图

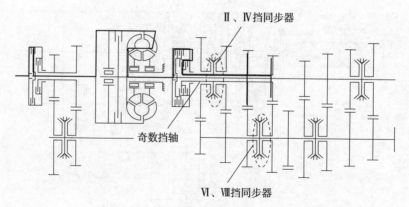

图2-11 HM-DCT偶数挡动力传递图

拖拉机DCT传动系主要由发动机、双离合器变速器、中央传动、轮胎等部件构成，是拖拉机的主要组成部分，也是拖拉机DCT控制系统研究的基础。本章选择合理的DCT传动方案，对拖拉机整机参数进行设置；提出遗传定律算法，应用该算法对湿式离合器参数进行优化。

2.2.1 双离合器自动变速器传动方案选择

DCT结构与其他变速器存在着较大差别，某（5+1）挡DCT传动简图如图2-12所示。DCT由奇数挡控制离合器C1、偶数挡控制离合器C2、奇数挡输入轴、偶数挡输入轴套、输出轴、奇数挡主从动齿轮、偶数挡主从动齿轮及液压操控机构和电子控制单元构成，奇数挡离合器与奇数挡输入轴固连，偶数挡离合器与偶数挡输入轴固连。换挡时通过切换离合器C1和离合器C2进行换挡，动力不中断，换挡平稳。换挡控制基本原理如图2-13所示。

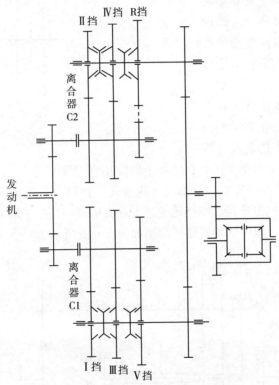

图2-12 双离合器自动变速器传动简图

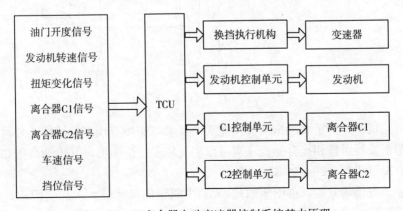

图2-13 双离合器自动变速器控制系统基本原理

拖拉机工作环境比较恶劣，工况比较复杂，有运输和作业等多变的工作条件。因此，拖拉机变速器与汽车变速器设计要求也存在着诸多差别。汽车用变速器多要求操作舒适、运行平稳、经济性和动力性较好，较少的挡位就可以满足汽车工况的要求。而拖拉机变速器多要求传递转矩大，运行可靠，传动时动力不中断，并满足多种复杂的作业工况要求，挡位一般都在 10 个以上，随着技术的进步，挡位呈增多趋势，达到几十个之多甚至 100 多个，例如，某型拖拉机有 108 个挡位。在设计拖拉机 DCT 的时候，需

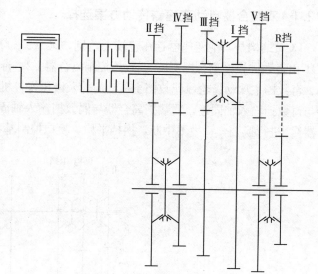

图 2-14　单中间轴式结构简图

要结合拖拉机工况并对比汽车工况，在结构上做出相应的改变。

　　DCT 按照布置形式可分为单中间轴式（两轴式）和双中间轴式两种类型。两种变速器虽结构不同，但都具有挡位预置、换挡迅速、无动力中断和换挡平顺等优点。单中间轴式结构简图如图 2-14 所示，双中间轴式结构简图如图 2-15 所示。

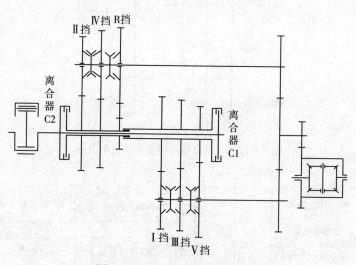

图 2-15　双中间轴式结构简图

　　大功率拖拉机中，为了满足拖拉机作业工况要求，需要有较多的挡位，一种结构较简单的多离合器与汇流行星排相接合的变速器可以实现较多挡位输出，其传动简图如图 2-16 所示，该传动方案可实现（20+4）挡输出。

　　综合以上 3 种传动方案，单中间轴式 DCT 中间轴向尺寸较大，加工困难，并且限制了变速器的传递转矩；双中间轴式 DCT 整体的轴向尺寸和径向尺寸较大，变速器空间利用率

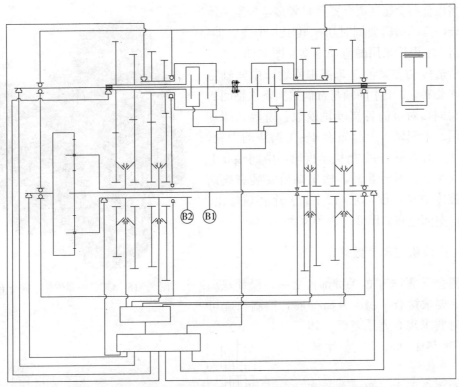

图 2-16 多离合器与汇流行星排相接合的变速器传动简图

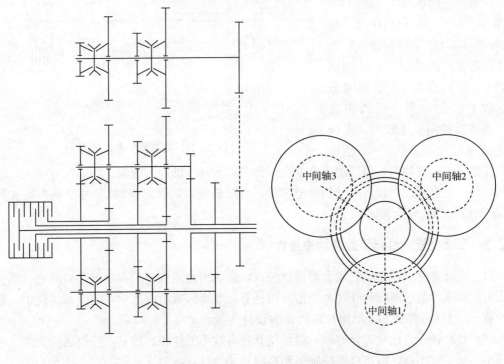

图 2-17 双离合器自动变速器传动简图

较低；多离合器变速器离合器数量较多，控制系统较为复杂，换挡时需要同时切换其中 3 个离合器，不易控制。本设计采用的传动方案简图如图 2-17 所示，所选传动方案包含 3 根中间轴，中间轴空间呈 120°分布，3 根中间轴与奇偶数挡输入轴间的中心距相同，对应的各挡齿轮模数、齿数和螺旋角均相同。中间轴 1 上分布有 1～4 挡从动齿轮，中间轴 2 上分布有 5～8 挡从动齿轮，中间轴 3 上分布有 9～12 挡从动齿轮。输出轴后安装有换向机构，该传动方案可实现（12＋12）个挡位输出。轴和齿轮空间分布如图 2-18 所示。

图 2-18　DCT 轴和齿轮空间分布

2.2.2　拖拉机整车参数确定

双离合器是 DCT 的关键部件之一，设计双离合器时，要求接合平稳、分离彻底、控制精确可靠，同时要求离合器质量轻、体积小、散热性好、摩擦片寿命长。

在双离合器中，两离合器摩擦片的布置有两种形式，如图 2-19 所示。图 2-19（a）中离合器 C1 与离合器 C2 呈径向分布，称为径向布置；图 2-19（b）中离合器 C1 与离合器 C2 呈轴向分布，称为轴向布置。径向布置时，变速器径向尺寸较大，离合器壳结构复杂，离合器 C2 径比

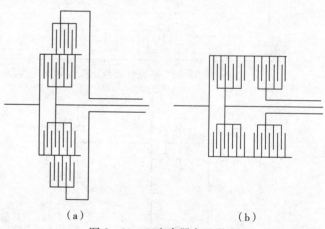

（a）　　　　　　　　　　　　（b）

图 2-19　双离合器布置形式

变大，热分布比较均匀，但圆周速度变大，加工成本高。轴向布置时，轴向尺寸变大，空间利用率低。综合考虑，设计时采用轴向布置，为降低成本，取离合器 C1 的结构参数和离合器 C2 的结构参数完全相同。

2.2.3　设计变量、目标函数及约束条件

（1）设计变量　依据湿式离合器设计公式，影响离合器性能的参数有摩擦因数、单位面积压力、摩擦片数、摩擦片外径和摩擦片内径等。摩擦因数由摩擦材料确定，优化中，取摩擦片数 z、摩擦片外径 D、摩擦片内径 d 为设计变量。

（2）目标函数　设计离合器时，尽量使其具有较小的体积和质量，以使结构紧凑、占用空间小、加工成本低。取离合器的轴向和径向尺寸为目标函数 f_1，则 f_1 的表达式为

$$f_1 = v = \frac{\pi}{4} D^2 \times [z \times (h+S)] \tag{2-1}$$

式中：v 为离合器摩擦片所占用的体积；h 为摩擦片厚度；S 为摩擦片间距，计算时取 3mm。

试验表明，湿式离合器在最大发热率和最高温度的条件下易发生摩擦片烧结，摩擦片产生高温烧结与以下因素有关：

①平均温度过高。平均温度与离合器产生的热量、润滑油冷却速度及总摩擦面积有关。

②瞬时温度过高。瞬时温度与最大发热率及摩擦片比热容有关。

取平均温度作为目标函数 f_2，则 f_2 的表达式为

$$f_2 = \frac{Q}{2\pi \left(\dfrac{D^2}{4} - \dfrac{d^2}{4} \right) (z-1)} \tag{2-2}$$

式中：Q 为产生的热量，一般可近似表示为

$$Q = \int_0^t T_c (\omega_e - \omega_c) \mathrm{d}t \tag{2-3}$$

式中：ω_e 为发动机角速度；ω_c 为离合器从动摩擦片角速度；T_c 为离合器传递转矩。

总目标函数 f 表达式为

$$f = \omega_1 f_1 + \omega_2 f_2 \tag{2-4}$$

式中：ω_1、ω_2 为目标函数 f_1、f_2 的权重系数。

（3）约束条件　约束函数是优化设计中对设计变量的限制附加条件，湿式离合器参数优化中，约束条件主要包括力学强度校核、尺寸约束、热性能校核和整机传递性能需求等方面。

为保证离合器长期可靠的传递转矩，计算时，取离合器的传递转矩为发动机标定工况下转矩的 β 倍：

$$\beta = \frac{T_c}{T} = \frac{\dfrac{\pi}{12} \mu z p \ (D^3 - d^3)}{T} \geqslant [\beta] \tag{2-5}$$

式中：μ 为动摩擦因数；p 为压力；T 为发动机标定转矩；T_c 为离合器传递转矩；$[\beta]$ 为 β 的许可值。

离合器摩擦片的平均圆周速度和最大圆周速度都应小于许可值，若 v_a 表示平均圆周速度，v_{max} 表示最大圆周速度，则满足

$$v_a = \frac{(R_1 + R_2)}{2} \Delta\omega \leqslant [v_a] \tag{2-6}$$

式中：$\Delta\omega$ 为离合器主从动盘之间相对转速。

$$D \leqslant v_{max} \times 60 \times 10^3 / (\pi \times n_e) \tag{2-7}$$

式中：n_e 为发动机转速。

受空间结构的限制，离合器的外径取值有一定范围，设计时，取其范围为 [120mm，240mm]。

摩擦片内径的选取与内外径之比有关，摩擦片内径越小，结构布置就越困难，且内外径差值过大，导致摩擦时温升不一致，摩擦片易产生翘曲变形，摩擦片磨损也不均匀；摩擦片

内径过大，在压紧力不变的情况下摩擦片受压面积减小，比压增大。拖拉机中，湿式离合器内外径之比取值范围为 0.6～0.8。

起步和换挡过程中，离合器主从动片转速不同，产生滑摩，滑摩产生大量热量使摩擦片温度升高，摩擦系数下降，磨损加剧。设计时，取总滑摩功与总接触面积之比作为单位面积产生的热量：

$$Q_0 = \frac{Q}{2\pi\left(\dfrac{D^2}{4} - \dfrac{d^2}{4}\right)(z-1)} \leqslant [Q_0] \tag{2-8}$$

式中：Q_0 为单位面积产生的热量；$[Q_0]$ 为 Q_0 的许可值。

2.2.4 优化算法

优化设计问题是人们普遍关注的问题。目前，遗传算法被广泛用于解决优化问题。遗传算法是一种借鉴生物界自然进化和自然遗传机制的一维随机化搜索算法，其主要特点是简单通用、健壮性强、不以梯度信息为基础。因此，遗传算法被广泛应用于解决复杂的优化问题和非线性问题。

遗传定律算法模拟遗传学中的基因分离定律和自由组合定律，只考虑一条染色体上的一个基因和与之配对染色体上的等位基因，不考虑基因的连锁互换定律。记显性基因为 1，隐性基因为 0，将生物个体所表现出来的显性性状代入目标函数，计算生物个体的适应度值，以适应度值计算生物个体的生存概率和交配概率。循环 n 代后，适应度值最大的生物个体对应的参数取值即为目标函数的最优解。

2.2.4.1 显性性状

假设某一物种有 8 条染色体，每个染色体组有 4 条染色体，若某个体基因型为 AaBbCcdd，其中，大写字母代表显性基因，用 1 表示；小写字母代表隐性基因，用 0 表示。若以上基因型分布如图 2-20（a）、图 2-20（b）所示，则其性状矩阵可表达为

$$A = \begin{bmatrix} 1 & 1 & 1 & 0 \\ 0 & 0 & 1 & 0 \end{bmatrix} \quad B = \begin{bmatrix} 1 & 0 & 1 & 0 \\ 0 & 1 & 1 & 0 \end{bmatrix} \tag{2-9}$$

为了表示和计算方便，矩阵的第一行表示来自父本的一个染色体组，矩阵的第二行表示来自母本的一个染色体组。上述两种基因型的显性性状均可表示为 [1 1 1 0]，在 Matlab 中，由基因型矩阵用"or"命令来计算显性性状。

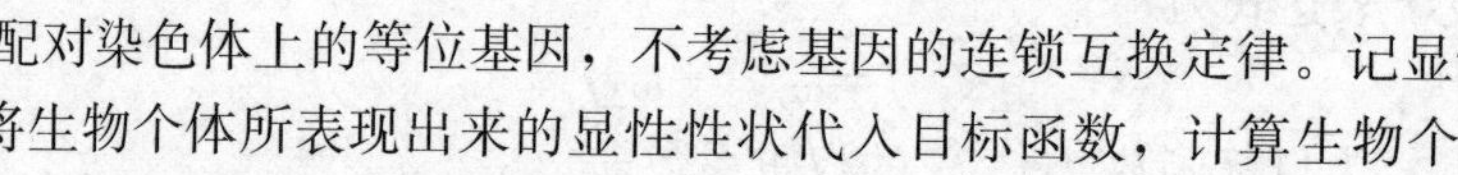

图 2-20 染色体分布示意图

2.2.4.2 生存概率及交配概率

若个体表现出来的显性性状为向量 α，α 为一组二进制编码，将其转换为十进制值并代入目标函数求其适应度值。若 $f(k)$ 表示第 k 个个体的适应度值，规定适应度值最低的个体生存下来的概率为 1，适应度值最高的个体生存下来的概率为 0，若 $p(k)$ 表示第 k 个个体的生存概率，且

$$p(k) = \frac{f_{max} - f(k)}{f_{max} - f_{min}} \tag{2-10}$$

式中：f_{max}、f_{min} 表示为种群中最大适应度值和最小适应度值。

生存下来的个体参与交配产生下一代，采用"转盘法"随机选择两个个体，一个作为父本，一个作为母本，进行交配产生下一代。重复 n 次，选出 n 组个体，组成下一代。

2.2.4.3　分离定律与自由组合定律

参与交配的个体遗传过程中遵循基因分离定律和自由组合定律。含有等位基因的两个染色体分离，以相等的概率传给下一代，不含等位基因的染色体自由组合，产生两个染色体组，每个染色体组都有相等的概率传给下一代。产生的新一代经过生存淘汰和交配再产生下一代。n 代后得到适应度值较低的种群，选出适应度值最低的个体，其显性性状对应的参数值即为目标函数的最优解。

2.2.4.4　权重系数调整

在多目标函数优化过程中，对目标函数的权重系数进行调整。参数取值的改变会导致目标函数 f_1、f_2 的随之变化，设第 k 代目标函数 f_1 的平均值与第 $k+1$ 代 f_1 的平均值差为 Δf_1；同理，第 k 代目标函数 f_2 的平均值与第 $k+1$ 代 f_2 的平均值差为 Δf_2，若 $\Delta f_1 > \Delta f_2$，表明参数能引起目标函数 f_1 的较大变化，由此表明目标函数 f_1 较目标函数 f_2 重要，需对目标函数 f_1 的第 k 代取值调整，调整表达式为

$$\omega_1(k+1) = \omega_1(k) + \eta \Delta f \tag{2-11}$$

$$\Delta f = \frac{\Delta f_1}{\Delta f_1 + \Delta f_2} \tag{2-12}$$

式中：$\omega_1(k)$ 为第 k 代目标函数 f_1 的权重系数；η 为调整系数。

2.2.4.5　算法流程

具体算法流程如图 2-21 所示。

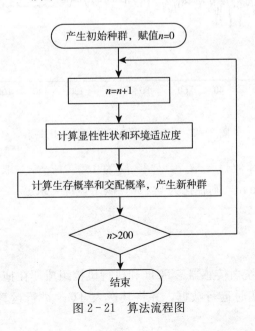

图 2-21　算法流程图

2.2.5 优化结果

总目标函数及权重系数随遗传代数变化关系如图 2-22 和图 2-23 所示。

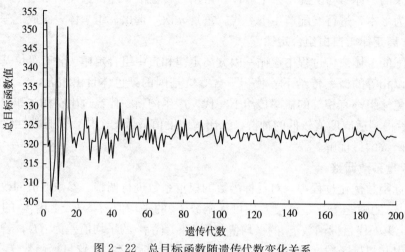

图 2-22 总目标函数随遗传代数变化关系

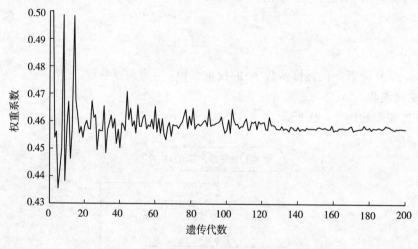

图 2-23 权重系数随遗传代数变化关系

优化结果为：摩擦片数目 z 取 7，外径 D 为 180.012mm，取 $D=180$mm，内径 d 为 118.318mm，取 $d=118$mm，则径比为 0.656，满足设计要求。

2.3 电控系统

拖拉机 DCT 电控系统由传感器、TCU 和执行机构组成。在拖拉机起步和换挡过程中，传感器负责采集拖拉机实时运行数据，并将其送入 TCU 进行运算，TCU 发出控制命令，执行机构做出换挡动作。

2.3.1 DCT基本结构和工作原理

DCT结构原理如图2-24所示，离合器C1和C2的接合与分离，由电控系统、机械系统以及液压系统共同控制。在开始换挡的前一时刻，离合器C1处于完全接合状态，离合器C2处于完全分离状态。换挡动作开始后，前一时刻处于接合状态的离合器开始慢慢分离，同时，前一时刻处于分离状态的离合器开始慢慢接合，二者动作同步进行，直至换挡动作的完成。这样，在换挡过程中，始终有一个离合器处于接合状态，通过与之相连的输出轴传递发动机动力，而不需要完全切断动力。

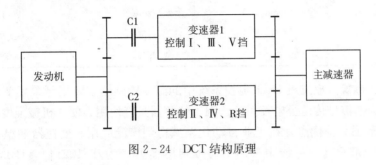

图2-24　DCT结构原理

2.3.2 拖拉机DCT电控单元组成

拖拉机DCT电控系统主要由传感器、TCU和相应的执行机构组成。传感器负责对拖拉机的实时运行数据进行监测；TCU负责信号的输入和输出；执行机构用于对控制命令的响应，完成自动变速器的换挡动作。

2.3.3 拖拉机DCT电控单元信号采集

拖拉机DCT电控系统输入信号的监测主要由各种传感器完成。

（1）转速传感器　在拖拉机DCT电控系统中转速传感器主要用于车轮转速和变速器输入轴转速的测量，发动机转速可以通过CAN总线从发动机ECU处获得。目前，霍尔转速传感器在工业控制领域使用较为广泛，具有输出信号不受转速值影响、频率响应高和抗干扰能力强等优点。SZHG-01霍尔式转速传感器技术参数见表2-1，该传感器具有性价比高、结构简单、便宜和稳定性好等优点，并可进行连续测量。

表2-1　SZHG-01霍尔电磁式转速传感器技术参数

参数名称	参数范围	参数名称	参数范围
工作电压	DC 12V±0.5V	响应频率	0.3Hz~20kHz
测量范围	1~10 000r/min	输出波形	矩形波
输出电流	<30mA	使用温度	-40~120℃
使用湿度	<90%RH	质量	210g
输出幅值	高电平5V±0.5V，低电平<0.5V		

（2）位移传感器　拖拉机 DCT 电控系统中的位移传感器用来测量拖拉机运行中的各种位移信号，如制动踏板位移信号、离合器位置信号等。位移传感器性能稳定，受外界因素影响小，能够稳定地将位移信号转变为电信号输出。表 2 - 2 为所选用的一种型号为 WYDC - 100L 位移传感器的技术参数。

表 2 - 2　WYDC - 100L 位移传感器技术参数

参数名称	参数范围	参数名称	参数范围
工作电压	DC 12V	输出电流	4～20mA
测量范围	0～100mm	响应频率	0～200Hz
使用精度	0.05%	分辨率	$0.001\mu m$
负载阻抗	20kΩ	使用温度	-20～70℃

（3）温度传感器　拖拉机 DCT 电控系统中的温度传感器主要用于采集变速器油温，将温度信号转变为电信号传送至电控系统。温度传感器具有使用方便、机械强度高、热响应时间短以及测量范围大等优点，在工业自动化领域得到广泛应用。变速器油温一般在-40～130℃，拖拉机 DCT 电控系统中选用的温度传感器型号为 TS10214 - 11B1，测量范围为-40～145℃。该传感器具有测量范围广、测量误差小等特点。

2.3.4　拖拉机 DCT 电控单元硬件系统

硬件系统作为拖拉机 DCT 电控系统能够正常工作的基础，通常有微处理器、输入信号处理电路、输出信号驱动电路、最小系统和通信模块五大部分组成。保证硬件系统的功能性和稳定性是研究的基本要求。

拖拉机 DCT 系统控制器必须具备以下基本功能：

①相应的信号处理功能，使传感器的输入信号能够被微处理器正确识别。

②能够输出精确的控制信号来驱动相应的电磁阀和电动机。

③能够与拖拉机的其他电控系统进行通信。

对于可靠性而言，在拖拉机恶劣的工作环境下，能够保证在设计寿命内有较高的可靠性和稳定性。

（1）输入信号处理电路　输入信号处理电路主要完成对系统所需输入信号的滤波、整形等处理，使其能够满足系统的电气要求。在 DCT 系统控制电路中，其主要包括模拟信号处理电路、脉冲信号处理电路和开关信号处理电路。输入信号由脉冲信号、模拟信号和开关信号 3 类信号组成。其中，脉冲信号主要包括输入轴转速和车轮转速等转速信号，模拟信号主要包括温度信号、离合器压力信号和制动踏板位置信号等，开关信号主要包括换挡手柄位置信号、制动开关信号和巡航开关信号等。

（2）输出信号处理电路　输出信号处理电路，其实质是一个功率放大电路，从而满足负载对输入功率的要求，使得负载可以正常工作，从而可以响应微弱的输入信号。对于本设计而言，负载为电磁阀和电动机，它们的输入信号为从微处理器 PWM 模块输出的控制信号，该信号经过输入信号驱动电路的放大、隔离后输入到负载，控制负载的正常工作。

（3）最小工作系统　最小工作系统一般包括微处理器、电源电路、复位电路、时钟电路以及一些相关辅助电路。由于本系统的设计还涉及程序下载，所以该最小系统还包括 JTAG 下载接口。

（4）通信模块　通信模块主要包括 SCI 通信模块和 CAN 总线通信模块。拖拉机 DCT 电控单元硬件系统所需的输入信号的一部分除了直接从传感器处获得采集外，为了减少传感器的使用量，还有一部分数据通过 CAN 总线从其他车载控制系统处获得，如发动机的转速、车轮转速等信息。另外，为了方便系统的诊断和调试，设置了 SCI 通信模块。

2.3.5　拖拉机 DCT 控制系统执行机构

DCT 中自动离合器采用的控制方法一般有力控制和位移控制两种。力控制方法中较常用的是电液式控制。位移控制通常采用通过检测和控制离合器的位移而达到控制其动作的目的，基本控制原理是电机间接驱动离合器动作，即电机控制位移，位移经传感器检测转化为压力信号的控制方法，位移控制大多采用伺服电机控制，但伺服电机因其昂贵会造成生产成本的增加。另外，位移控制采用间接控制方式，离合器的位移是微位移（约 1mm），对控制系统和检测系统的性能要求都比较高，因此需要精确的液压控制回路。

参考上述两种控制方案优缺点，设计中所采用的离合器执行机构液压控制回路和换挡选择部分液压回路如图 2-25 所示。

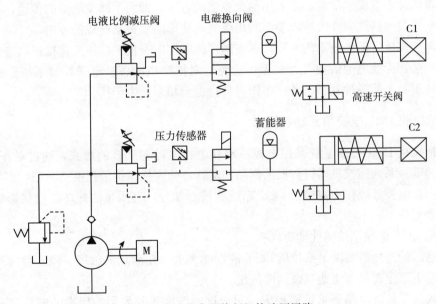

图 2-25　离合器执行机构液压回路

综上所述，双离合器执行机构采用电液比例阀和高速开关阀联合控制离合器的切换动作，在充油过程中采用响应迅速、精度较高、波动较小的电液比例阀，结合传感器构成闭环控制系统；在放油过程中采用 PWM 控制下的高速开关阀进行控制。由图 2-25 可知，离合器执行机构的液压回路系统主要由电液压比例减压阀、高速开关阀、传感器及液压缸等元件组成。挡位选择部分是由液压回路控制同步器进行挡位的变换，挡位选择部分液压回路属于液压传动系统，主要传递动力，不需要精确控制。

2.3.6 拖拉机 DCT 电控单元工作环境分析

拖拉机在实际运行过程中，工况较为复杂，其 DCT 电控系统受到的干扰源也较多。在设计工作中经常会遇上这种情况：在实验室调整好的控制器在实际工作现场中就会出现这样或那样的问题。其原因在于：系统设计时没有充分考虑工作环境中各种干扰源对系统的影响，拖拉机电子控制系统的工作环境尤为恶劣。

（1）温度、湿度的影响　拖拉机外部工作环境的最高温度在 50℃ 左右，最低温度在 −40℃ 左右，而拖拉机内部工作环境的温度由于不同部件的位置不同而相差极大。湿度对电子元器件有较大的影响，如果工作环境过于潮湿，空气中的水分能够通过塑料封装侵入元器件内部，造成元器件短路。温度和湿度的共同作用是造成电子元器件损坏的主要原因之一。

（2）机械振动　拖拉机作业中行驶的路面绝大部分崎岖不平，车轮受到来自路面的垂直反作用力往往是冲击性的，特别是在高速行驶时，这种冲击力往往具有较强的破坏性。当冲击力沿着车轮传至车身与车架时，会引起零部件的损伤，严重时甚至会引起零部件的断裂。安装在车身上的各种电子元器件，同拖拉机的其他零部件一样，也要承受来自路面和车身的各种振动和冲击。这种振动和冲击同样会造成电子元器件的损坏。

为了降低冲击造成的危害，常采用加橡胶垫的方法，即为了减少能量的传递，在电子控制装置和车身接触面之间加入橡胶垫，利用橡胶的变形缓解振动造成的冲击。

（3）电气环境　随着技术的发展，越来越多的电工电子技术应用于拖拉机制造中。周围的无线电广播和无线电通信业务，也不可避免地对拖拉机的各种电子控制系统造成电磁干扰。同时，车身上的各种电子设备在工作时自身也会相互产生干扰。

2.3.7 拖拉机 DCT 电控单元功能要求

本节拖拉机 DCT 控制系统采用电控液动和电控电动相结合的形式，通过对车轮转速、发动机转速等一系列拖拉机运行数据的判断和运算，确定拖拉机最佳换挡时刻，实现拖拉机的自动换挡。电控系统作为拖拉机 DCT 系统的核心部分，其质量的好坏将直接影响到拖拉机能否正常工作。

拖拉机 DCT 电控系统的性能要求有：

①传感器的选择需要满足拖拉机 DCT 的性能要求，在满足灵敏度、稳定性和测量精度要求的前提下，还要尽可能地兼顾到性价比。

②输入信号处理电路要求性能稳定，对温度、湿度等外界影响因素的响应度较低。同时，还要有一定的精度，降低误差，保证信号不失真。

③拖拉机 DCT 电子控制系统是一种嵌入式开发系统，故其微处理器应当具有快速的运算速度、低功耗、大容量、体积小和可靠性高等特点。

④输出信号处理电路的输出功率应当能够满足电磁阀和步进电机的额定功率，同时，电路中要设置光电耦合器，防止电机中的瞬时高电压对控制电路造成冲击。

⑤执行机构应该尽可能简单，尽可能降低生产成本。

2.3.8 拖拉机 DCT 电控单元方案

通过研究拖拉机 DCT 电子控制系统的结构和功能，选取传感器和微处理器的型号，确定执行机构的操纵方式，制订出 DCT 电子控制系统的方案。针对传感器输出信号的类型和特征，以及执行机构的驱动形式，对控制器电路板电路进行分析设计，并对主要电路进行仿真，完成控制器的设计。

拖拉机 DCT 电控单元硬件系统的主要功能为传感器采集系统所需的各种信号，经过相应电路的处理后，输入到微处理器中，经过系统的运算处理后，输出控制信号。由于在换挡过程中需要对 DCT 的执行机构实行精确控制，这就要求及时可靠的数据输入，因而要求微处理器有较高的运算速度和足够的存储空间。这里，选用的微处理器为美国 TI 公司生产的 DSP TMS320F28335。同时，为了减少传感器的使用量和降低电路的冗余设计，所以控制器需要设计 CAN 接口，拖拉机 DCT 电控系统的总体方案如图 2 - 26 所示。

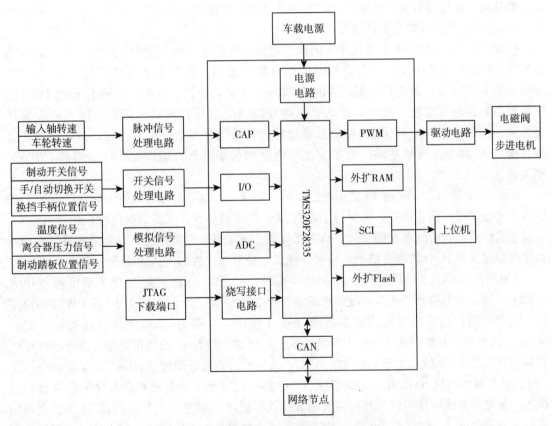

图 2 - 26　拖拉机 DCT 控制系统总体方案

为了方便控制系统的后续开发及调试，拖拉机 DCT 电控单元硬件系统采用主板和核心板的两级结构，核心板用于程序的存储、数据的运算以及系统的通信等，主板主要提供输入信号处理电路、输出信号放大电路以及通信电路等。

不同类型的输入信号经过相应处理电路的处理后，输入到微处理器对应的模块中。输出信号处理电路的作用是对微处理器输出的控制信号进行放大、滤波和整形后，输入到相应的电磁阀和电机中，作为其驱动信号。通信电路包括 CAN 总线电路和 SCI 通信电路，主要作用是实现 TCU 与发动机 ECU 以及拖拉机其他智能控制系统之间数据的交换与共享，以及 TCU 与其他通信设备和诊断设备之间的通信。另外，核心板上的电源模块、复位电路、JTAG 测试接口等构成了系统的最小工作系统。

2.3.9 拖拉机 DCT 电控单元硬件系统设计

拖拉机 DCT 电控单元硬件系统主要由传感器、变速器控制单元（TCU）和执行机构组成，其中电子控制单元是整个硬件系统的核心，其功能是：从传感器处得到控制程序所需的拖拉机运行工况、发动机的运行参数和驾驶员的操纵状态等数据，并将其转变为微处理器能够接收的数字量，将微处理器计算输出的控制信号转变为可以驱动电磁阀和电机运行的控制信号。TCU 是拖拉机 DCT 电控系统的核心部分，高品质的 TCU 是拖拉机 DCT 系统稳定运行的基础。这里将对整个电控系统的电路进行分析和设计。

2.3.9.1 微处理器性能分析及选型

微处理器是拖拉机 DCT 电控单元的核心部分，负责程序的存储和数据的运算，其性能优劣将直接决定着系统能否在合适的时间执行换挡操作。根据上文对拖拉机 DCT 电控系统性能的分析可知，系统对数据的实时性和准确性要求较高，同时，由于拖拉机 DCT 的控制策略和控制算法较为复杂，这就要求微处理器应当具有较高的运算速度和较大的存储容量。为了使拖拉机上不同的控制系统能够进行通信及与上位机的连接，微处理器还应当具有 CAN 和 SCI 通信功能。为了实现对电磁阀和步进电机的调控，还应当具有 PWM 模块。

DSP TMS320F28335 是 TI 公司新推出的一款浮点型数字信号处理器。它在已有的 DSP 平台上增加了浮点运算内核，既保持了原有 DSP 芯片的优点，又能够执行复杂的浮点运算，可以节省代码执行时间和存储空间，具有精度高、成本低、功耗小、外设集成度高，数据及程序存储量大和 A/D 转换更精确、快速等优点，是更加优秀的嵌入式工业应用软件。

TMS320F28335 的频率可达 150MHz，CPU 采用 32 位定点并包含单精度浮点单元（CPU）。该芯片具有利于更高精度操作的增强型控制外设，既包含最多 18 路 PWM 输出端口，其中 6 路为高分辨率脉宽调制模块（HRPWM），6 路为 32 位的事件捕捉输入端口 eCAP；也可通过软件设置工作于 PWM 模式下，包含 2 路为 32 位的正交编码器通道 eQEP。芯片内部集成了 12 位的 2 个 8 通道的 ADC，高通道的转换时间可达 80ns。该芯片还引入了 6 路直接存储器模块（DMA），在不需要 CPU 仲裁的情况下为外设和内存之间传递数据提供了一种硬件办法；还可以为其他系统函数释放存储单元的宽度。具有高达 88 个独立可编程的复用通用输入/输出（GPIO）引脚，有最多 4 种可选的工作模式。另外还包含了提高通信功能的 2 个 eCAN 通信模块、3 个 SCI 模块、1 个 SPI 模块、2 个可设置为 SPI 的 McBSP 模块以及 1 个 I²C 模块等。

这里所选用的微处理器为美国 TI 公司生产的 DSP TMS320F28335，其功能原理如图 2-27 所示。

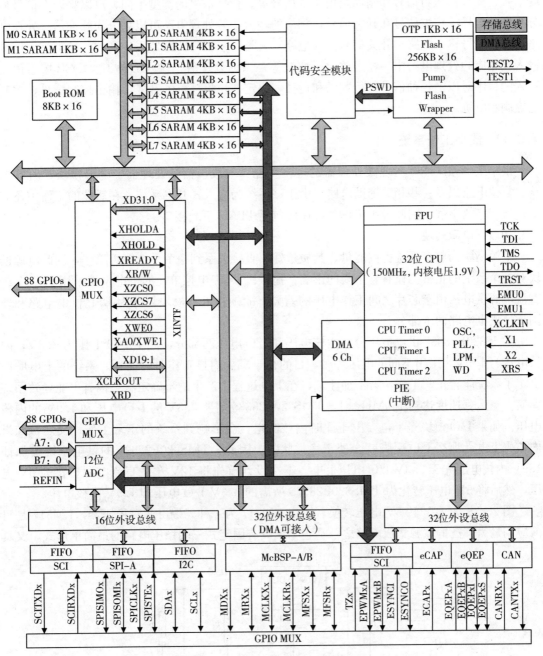

图 2-27　TMS320F28335 功能原理

2.3.9.2　电控单元硬件系统模块划分

拖拉机 DCT 电控系统是一个复杂的嵌入式控制系统，由多个子电路模块构成。根据前文分析，可以将整个电路系统划分为最小工作系统、输入信号处理模块、输出信号处理模块和通信模块等。

系统需要接收的输入信号包括输入轴转速信号、车轮转速信号、换挡手柄位置信号、温度信号、离合器压力信号和制动踏板位置信号等。根据信号的类型不同，可以将以上信号划分为脉冲信号、模拟信号和开关信号，相应的输入信号处理电路可以划分为脉冲信号处理电路、模拟信号输入电路和开关信号输入电路三大类。系统将传感器采集到的各种类型的信号输入到相应的处理电路中，经过放大、滤波等一系列处理后，输入 DSP 中，DSP 按照预先写入的程序对以上各种信号进行判断和运算，决定拖拉机挡位的升降，输出控制信号，控制电磁阀和电机。

2.3.10 最小工作系统

最小工作系统能够实现微处理器的基本功能，一般包括微处理器、电源模块、时钟电路、复位电路以及一些相关辅助电路。由于该系统为嵌入式开发系统，在后续的工作中还需要进行程序的下载，因此最小工作系统还应包括 JTAG 下载接口。

2.3.10.1 电源模块

电源模块为整个系统提供能量，其质量好坏直接关系到整个系统能否工作，因此电源模块对整个系统的正常工作有着重要的影响。拖拉机 DCT 电控单元的供电系统采用 12V 车载直流电源供电。由于芯片之间工作电压的差异，故须将电源模块划分为 DSP 供电电路和外围模块供电电路两个部分。

TMS320F28335 供电电压分为内核电压和 I/O 电压两部分，其中 I/O 电压为 3.3V，内核电压为 1.9V。采用不同的电压等级，目的在于减少内核工作时的能耗。系统的上电顺序决定了系统能否正常工作，若不加注意，在上电过程中产生的不确定状态极有可能导致系统瘫痪。当运算速度达到 150MHz 时，TMS320F28335 需要 3.3V 的 I/O 电压和 1.9V 的内核电压。如果 I/O 模块先上电，由于此时内核断电，会影响到系统的正常工作；反之，如果内核先上电，那么 I/O 引脚就会处于稳定状态。因此，TMS320F28335 的供电系统要保证 1.9V 内核电压先于 3.3V I/O 电压上电。本次设计首先将 12V 车载直流电源转化为 5V 电压，然后将 5V 电压转化为 TMS320F28335 所需的 3.3V I/O 电压和 1.9V 内核电压。

图 2-28 为 12V 转 5V 电压转换，图中 LM317 为一种三端可调整稳压器。LM317 是目前应用最为广泛的电源集成电路之一，它不仅具有固定式三端稳压电路的最简单形式，又具

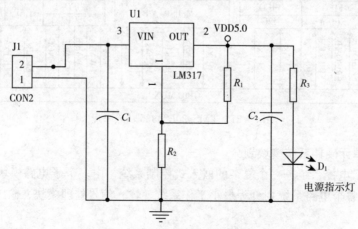

图 2-28　12V 转 5V 电压转换

备可调的输出电压特点。此外，还具有稳压性能好、纹波抑制比高、调压范围宽、噪声低等优点，其在输出电压范围 1.2～3.7V 时能够提供超过 1.5A 的电流。电容 C_1 和 C_2 起滤波作用，D_1 为电源指示灯，R_3 起限流作用，保护 D_1。通过以上电源转换，可以得到 12V 和 5V 两种不同的输出电压。

R_1 和 R_2 决定稳压器的输出电压，可以用下式计算：

$$R_o = 1.25\left(1 + \frac{R_2}{R_1}\right) \tag{2-13}$$

式中，R_1 取 200Ω，R_2 取 600Ω。

由于 TMS320F28335 的内核电压的上电时序先于 I/O 电压，而一般的电源芯片不一定能够满足该芯片对供电电压的要求。因此，本次设计选用了 TI 公司推出的双路低压差（且其中一路可调）电压调整器 TPS767D301。该芯片主要应用于需要双电源供电的 DSP 电路中，它能够单独输出 3.3V 固定电压和 1.5～5.5V 的可调电压，每路输出电流为 0～1A，每路复位延迟时间为 200ms。电路工作时，取样电阻对输出电压进行采样，然后将输出电压与基准电压进行比较，当输出电压低于复位下门限电平时，复位端 RESET 变为低电平，当输出电压高于复位上门限电平时，复位端将延迟 200ms 达到高电平，这样对两路输出电压的上电顺序有了严格的控制，满足微处理器对工作电压的高要求。除此之外，由于 TPS767D301 能够产生复位信号，直接提供给 DSP 芯片使用，故无须再设计 DSP 复位电路。

图 2-29 中，为了提高响应速度，滤除系统噪声，将 0.1μF 的贴片电容接入 TPS767D301 芯片的输入端。同时在 TPS767D301 芯片的输出端接入 10μF 的固体钽电容，以保证满载情况下能够稳定地输出电源电压。选择电阻 R_1 和 R_2 的大小时，应满足 1OUT = $V_{ref}(1 + R_1/R_2)$，其中基准电压 V_{ref} 为 1.182V，R_2 大小推荐为 269kΩ。

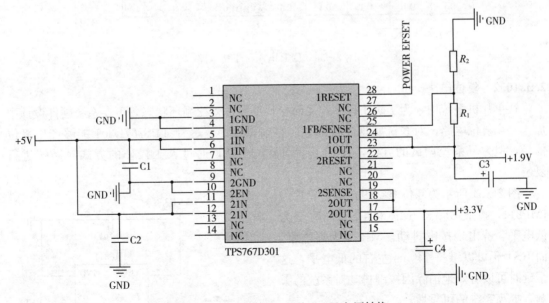

图 2-29　5V 转换 3.3V 和 1.9V 电压转换

电源抗干扰电路的设计如图 2-30 所示。在电源电路设计中，将数字电源和模拟电源都用电容接入相应的地，在本研究中，由于电源引脚冗余量较大，因此按照输出引脚的个数配备电容的个数，每 5 个输出配备一个 $0.1\mu F$ 的电容，起到储能和旁路的作用。数字电源和模拟电源用电感或磁珠连接，数字地和模拟地最后通过电感连接，降低了数字电路对模拟电路的干扰。

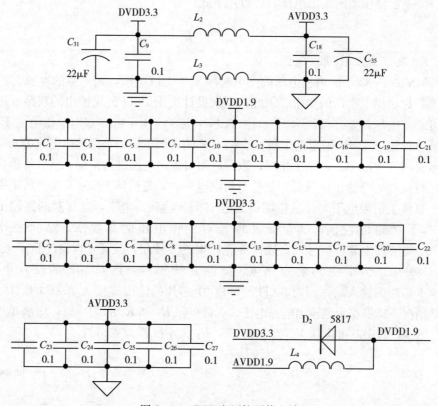

图 2-30　DSP 电压抗干扰电路

2.3.10.2　复位电路

在单片机系统中，为了防止程序跑飞而导致系统进入死循环状态，可在系统硬件设计中加入一个复位电路，对系统实现硬件复位。在本设计中，尽管 TPS767D301 能够产生复位信号，但为了系统调试的方便，设计了手动复位电路，通过人工操作的方式对系统进行复位。

图 2-31 所示为复位电路图，所选芯片为 IMP811，按下 S1 键，MR 和 RST 同时变为低电平。若出现按键抖动，MR 变为高电平，而 RST 仍可以维持 140ms 左右的低电平，这个延时可以有效地消除因按键抖动对系统的影响，提高系统的可靠性。

2.3.10.3　JTAG 下载接口

JTAG (joint test action group，联合测

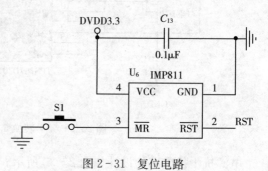

图 2-31　复位电路

试行动小组）是一种国际标准测试协议，主要用于芯片内部测试及对系统进行仿真、调试。TMS320F28335 支持 JTAG，通过 JTAG，上位机能够访问系统内部存储器，为测试人员提供了一套在线仿真环境。如今，多数高级芯片都支持 JTAG 协议，如 ARM、DSP、FPGA 等。JTAG 有两种标准的连接接口，即 14 针接口和 20 针接口。为简化设计，本次设计采用 14 针接口。

如图 2-32 所示为 JTAG 测试接口电路。调试系统时，通过 TIDSP-XD510 仿真器，电控单元硬件系统与计算机相连，计算机将预先编好的程序下载到硬件系统中进行调试。为了提高电路的稳定性，防止电磁干扰，在 EMU1 和 EMU2 处使用上拉电阻，大小为 4.7kΩ。

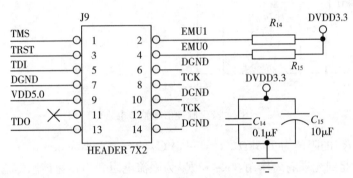

图 2-32　JTAG 测试接口电路

2.3.11　输入信号处理电路

拖拉机 DCT 电控系统的输入信号处理电路主要用于各种类型的输入信号的放大、滤波、整形等一系列的处理，使其能够满足微处理器各引脚的电气性能要求。拖拉机 DCT 电控系统的输入信号处理电路分为脉冲信号处理电路、模拟信号处理电路和开关信号处理电路。输入信号处理电路除了需要满足微处理器对输入信号的电气性能要求外，还要保证信号不失真，这样的电路才有实际工作意义。

2.3.11.1　脉冲信号处理电路

拖拉机 DCT 系统中的脉冲信号主要是转速信号，包括输入轴转速 v（发动机输出转速）、离合器 C1 和离合器 C2 的输入转速 μ_1、μ_2，其中，输入轴转速 v 通过 CAN 总线从发动机 ECU 处获得，μ_1 和 μ_2 通过霍尔式传感器测量。通过对以上 3 个转速信号的测量，可以确定离合器的接合状态和换挡时机。转速传感器监测的转速信号经过数字信号处理电路的处理后，满足微处理器对输入信号电平特性的要求，然后输入到 DSP320F28335 的捕获单元，进行数据的处理与运算。

脉冲信号处理电路如图 2-33 所示，电阻 R_{63} 和 R_{66} 构成分压电阻，由传感器输出的 3.3V 电压信号输入到比较器 LM317 的同相输入端，电容 C_{40} 起到滤波作用，将频率高于 20kHz 的杂波过滤到地，其容值大小可以用下式计算：

$$f_c = \frac{1}{2\pi RC} \tag{2-14}$$

式中：f_c 为截止频率 20kHz。

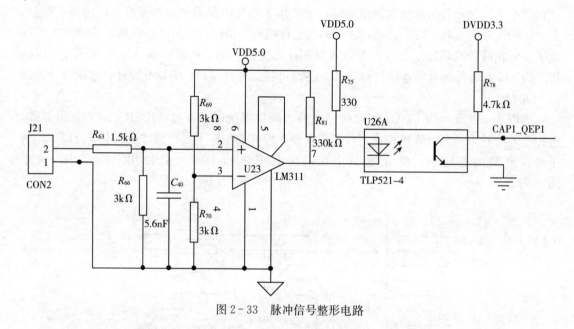

图 2-33 脉冲信号整形电路

图 2-33 中 R_{63} 的阻值为 1.5kΩ，计算可得 C_{40} 的容值大小为 5.6nF。

TLP521-4 起到光耦隔离作用，R_{75} 和 R_{78} 为限流电阻。当转速传感器输出 5V 电压信号时，LM311 正向输入端的 3.3V 电压高于反相输入端的 2.5V 电压，比较器输出高电平，TLP521-4 左侧的二极管不发光，右侧的集电极-发射极截止，脉冲信号处理电路的输出端输出 3.3V 的电压信号，输入 TMS320F28335 芯片的 CAP 引脚。当转速传感器输出 0V 电压信号时，LM311 正向输入端的 0V 电压小于反相输入端的 2.5V 电压，比较器输出低电平，TLP521-4 左侧的二极管发光，右侧的集电极-发射极导通，脉冲信号处理电路的输出端输出 0V 的电压信号，输入 TMS320F28335 芯片的 CAP 引脚。微处理器根据一定的采用周期输入 CAP 引脚电压的变化次数，结合 SZHG-01 霍尔转速传感器的测量齿数，就能计算出转速的大小。

2.3.11.2 模拟信号处理电路

拖拉机 DCT 系统中的模拟信号主要有温度信号、离合器压力信号和制动踏板位置信号等。DSP TMS320F28335 的 A/D 模块是个 12 位带流水线的模数转换器，该 A/D 转换模块具有 16 个通道，具有 80ns 的快速转换时间。WYDC 系列位移传感器测得的离合器液压缸活塞位置信号、换挡液压缸活塞位置信号、制动踏板位置信号、油门踏板位置信号和 WZP201 温度传感器测得的变速器液压油温度信号都是 5V 之内的电压信号。需要设计模拟信号处理电路，将传感器测得的 0～5V 电压信号转换为 0～3V，满足 TMS320F28335 的 A/D 引脚电压要求。模拟信号处理电路如图 2-34 所示，传感器的输出信号从 J_{11} 处输入，经过分压电阻 R_{16} 和 R_{17}、R_{18} 和 C_{18} 组成的 RC 无源低通滤波电路、电压跟随器 LM324 和钳位电路后，进入 TMS320F28335 的 A/D 模块引脚完成模数转换。钳位电路的作用是使 AD-CINA1 端的电压稳定地保持在 3V 左右。

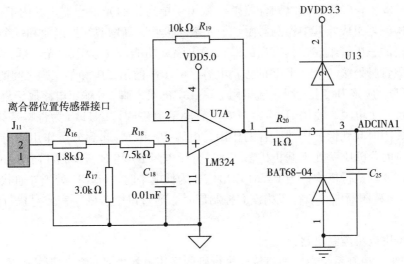

图 2-34　模拟信号处理电路

2.3.12　输出信号处理电路

拖拉机 DCT 中控制离合器动作的执行机构和换挡操作的执行机构均为电控液动执行机构，通过 DSP 输出的控制信号对液压执行机构的电磁阀进行控制。拖拉机的油门拉杆执行机构为电控电动执行机构，通过 DSP 输出的控制信号控制步进电机进行操纵。此外，为了保障系统良好的散热性能以及驾驶员能够直观地观察到拖拉机的挡位信息，还需要设置有散热风扇的控制电路和 LCD 液晶显示屏的控制电路。

2.3.12.1　电磁阀控制电路

拖拉机 DCT 电控系统通过对液压执行机构中电磁阀的控制来驱动离合器液压缸活塞和换挡液压缸活塞动作，从而实现对离合器和换挡执行机构的自动控制，拖拉机 DCT 液压系统中的电磁阀选用 LSV2-08-3C-1 型电磁阀，具有寿命长、效能高的特性，能在 -30～120℃温度范围工作，驱动电压为 12V。图 2-35 为电磁阀控制电路。

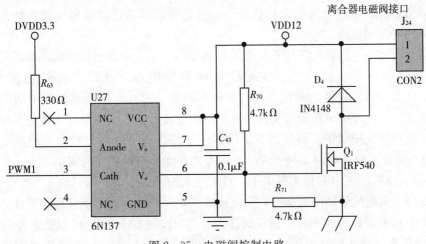

图 2-35　电磁阀控制电路

在图 2-35 中，6N137 光电耦合器是一款用于单通道的光耦合器，其内部由一个 LED 和一个集成检测器组成，其中检测器由一个光敏二极管、高增益线性运放和一个肖特基钳位的集电极开路的三极管组成，具有高的输入输出隔离功能。在 6N137 光电耦合器的电源管脚旁靠近电源管脚处接一个 $0.1\mu F$ 的去耦电容。6N137 的第二脚和第三脚之间的一个 LED，为了保护 LED，应该串接上一个限流电阻。6N137 的第六脚 V_O 输出电路属于集电极开路电路，必须上拉一个电阻。使用 IRF540 场效应管驱动电磁阀，IN4148 为肖特基续流二极管，在场效应管关闭时起到保护场效应管的作用。电阻 R_{70} 和 R_{71} 起到分压作用，当 PWM 输出信号为高电平时，6N137 处于截止状态，通过分压电阻 R_{70} 和 R_{71}，场效应管 Q_1 导通，使得电磁阀导通，驱动执行机构；当 PWM 输出信号为低电平时，6N137 处于导通状态，场效应管 Q_1 截止，电磁阀断电，执行机构没有控制信号。通过以上步骤，完成对执行机构的操纵控制。

2.3.12.2　步进电机控制电路

拖拉机 DCT 控制系统中，油门拉杆执行机构采用电控电动的控制形式，通过控制步进电机的运转来控制油门拉杆的动作。步进电机能够将脉冲信号转变为角位移或线位移。在正常运转情况下，脉冲信号的频率和脉冲数决定了电机的转速和停止的位置，负载的变化不会影响到电机的运转状态，即给电机加一个脉冲信号，电机则转过一个步距角。

全电压驱动是步进电机常用的驱动方式，即使步进电机在额定电压的情况下运转，发挥其最大功率。通过限流电阻，防止步进电机过流损坏。由于步进电机在锁步过程中会有大量的剩余功率产生，这些剩余功率都需要通过限流电阻以热量的形式消耗掉。因此，要求限流电阻要有较大的热容量。

高低压驱动是步进电机另一种常见的驱动方式，即通过加载额定电压或超过额定值的电压，使步进电机在较大电流的驱动下能够快速启动运转。而在锁步状态时，只允许其通过所需的电流值。这样既可以降低电机的功率消耗，又可以提高电机运行速度。但这种电路结构较为复杂。

除了通过以上硬件电路的方法驱动步进电机外，还可以使用软件方法，即通过单片机编程的方式实现，这样不但简化了电路，还能够降低成本。通过使用单片机编程的方法，不但可以自由灵活地控制步进电机的运行状态，而且还可以自由设定步进电机的转速、步距角等，满足人们的不同需求。

基于以上所述，本次设计采用单片机编程驱动的方式。单片机编程驱动较传统的驱动方式具有电路结构简单、振动小、性能稳定可靠等优点。设计中所选用的驱动芯片 THB6064AH 是一款高性能的两相混合式步进电机驱动芯片，其内部集成了功能模块与逻辑模块，配合简单的外围电路即可实现对步进电机的高性能、多细分、大电流的驱动，已广泛应用于工业自动化控制中。通过调节驱动芯片 THB6064AH 的衰减方式控制端 DCY1 和 DCY2 的电平高低，可以得到 4 种不同的衰减方式，能够获得更好的驱动效果。衰减模式对应表如表 2-3 所示，表中 L 代表低电平，H 代表高电平。

为了提高步进电机运转的精确度，消除或减弱步进电机固有的低频振动特性，需要对步进电机的步距角进行高精度细分。在驱动器芯片 THB6064AH 中，可以通过控制输入端口 M1、M2、M3 输入电平的高低形式，选择 8 种不同的细分状态，将步进电机的步距角进一步细分，从而提高步进电机执行机构的精度。

表 2 - 3 转速衰减模式对应表

DCY1 电平	DCY2 电平	电流衰减设置
L	L	20％衰减
H	L	40％衰减
L	H	60％衰减
H	H	80％衰减

通过对驱动器芯片 THB6064AH 和步进电机的性能分析，设计了适用于 THB6064AH 的步进电机外围控制电路，并对相关元器件进行了参数计算，确定其型号。图 2 - 36 所示为步进电机控制电路。

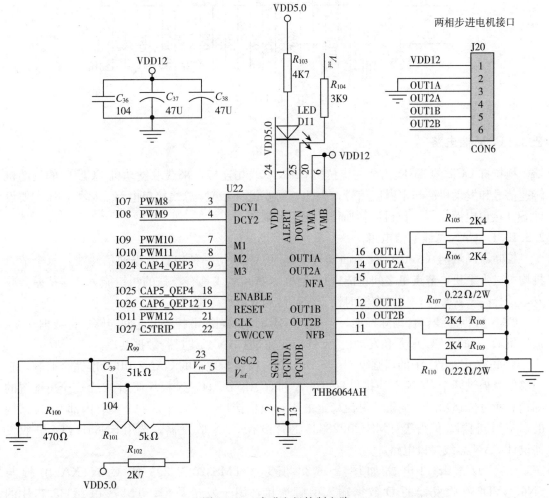

图 2 - 36 步进电机控制电路

在图 2 - 36 中，通过在斩波频率控制引脚上外接阻值大小为 51kΩ 的电阻，可以设置其斩波频率，频率大小以电机运转情况而定。ALERT 为过流和过温保护输出端，正常状态下，ALERT 输出为高阻状态，LED 不亮；而当步进电机发生故障时，ALERT 输出低电平，LED 导通，发出警报。输出电流满足：

$$I_o = V_{ref} \frac{1}{3R_s} \qquad (2-15)$$

式中：R_s 为检测电阻；V_{ref} 为参考电压，取值范围为 0.5～3V。

2.3.12.3 LCD 电路

为了方便驾驶员察看拖拉机的当前挡位信息、工作模式等数据，在拖拉机 DCT 电控系统中设计了 LCD 显示电路。本次设计选用了 QC12864B 液晶屏，可用于显示图形与汉字。微处理器与 LCD 采用并口连接方式进行驱动，连接方式如图 2-37 所示。

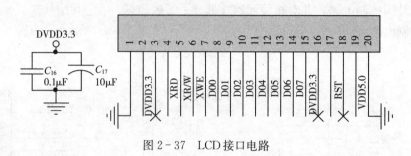

图 2-37　LCD 接口电路

2.3.13　通信电路

拖拉机 DCT 的 TCU 需要与拖拉机 CAN 总线相连接，来获取发动机 ECU 中的发动机转速信号和发动机冷却水温度信号，为此，需要设计 CAN 总线接口电路。另外，还需要设计 SCI 接口电路，与上位机进行通信，便于系统调试。

2.3.13.1　CAN 总线通信电路

控制器局域网（controller area network，CAN）是一种串行数据通信总线，每个节点机均可成为主机，节点机之间也能进行通信。CAN 总线具有较强的纠错能力，支持差分收发，适合高干扰环境，还具有实时性、灵活性和开放性等特点。

CAN 数据总线符合国际标准，因此，一辆车上不同的电控单元之间能够进行数据交换。拖拉机 DCT 的 TCU 单元和发动机 ECU 单元通过 CAN 总线进行数据共享。

TMS320F28335 中的增强型 CAN（eCAN）模块与现行的 CAN2.0B 标准完全兼容，它能够同时提供两个 CAN 总线接口 eCAN-A 和 eCAN-B。eCAN 模块使用 32 个完全可配置的邮箱和实时传递功能，提供了灵活稳定的串行通信接口。eCAN 是一个具有内部 32 位结构的 CAN 控制器。但由于 TMS320F28335 芯片没有 CAN 收发器，选用 SN65HVD230 收发器设计 CAN 总线接口电路。

CAN 总线接口电路如图 2-38 所示。TMS320F28335 的 CANTXA 引脚与 SN65HVD230 收发器的 D 数据输入引脚连接，用于发送数据；TMS320F28335 芯片的 CANRXA 引脚与 SN65HVD230 收发器的 R 数据输出引脚连接，用于接收数据。R_s 引脚可以设置收发器的工作模式，一共可以设置 3 种模式：高速、斜率和等待。本次设计采用斜率模式，以减少电磁干扰。R_5 为一端接地的斜率电阻，R_4 为 CANH 和 CANL 间接入的抑制反射的终端电阻。电源引脚接入的 3.3V 电源连接 C_3 和 C_4 两个去耦电容，以消除网络中的寄生耦合。

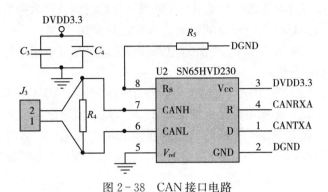

图 2-38　CAN 接口电路

2.3.13.2 SCI 串行通信接口电路

在系统的调试和维修过程中，需要与上位机进行通信，因此，设计了 SCI 串行通信接口电路。串行通信接口是一种应用较为广泛的数据传输方式。在 TMS320F28335 内部，集成有 3 个 SCI 模块，支持 RS-232 通信接口标准。RS-232 是现在主流的串行通信接口之一。本次设计选用符合 RS-232 通信接口标准的 MAX3232C 芯片用于 SCI 接口电路的设计，在系统调试时与上位机进行通信。SCI 接口电路如图 2-39 所示，C_7 和 C_8 为钽电容，C_9 和 C_{10} 为电解电容，容值大小均为 $0.1\mu F$。通过跳线帽可以选择不同的 SCI 模块，串口接口类型为 DB9 接口。

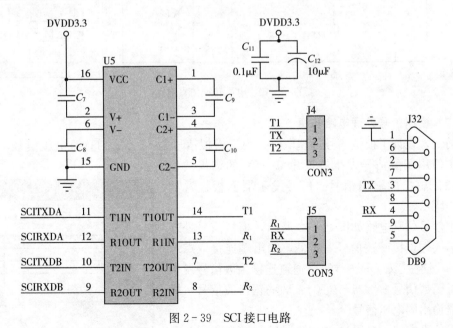

图 2-39　SCI 接口电路

2.3.14 主要电路仿真分析

在设计 PCB 的过程中，需要对主要电路进行模拟仿真，检查电路设计是否合理，通过仿真，不需要搭建真实的电路结构和使用真实的测试仪器就能获得电路的许多测试参数，能够起到缩短生产周期、节约生产资金的目的。本次设计使用了 Mutisim12 仿真软件电源转换电路、模拟信号处理电路、脉冲信号处理电路和开关信号处理电路进行仿真分析。

2.3.14.1 电源转换电路仿真

拖拉机 DCT 电控系统采用三端可调正稳压器 LM317 将 12V 车载电源转换为 5V 直流电源。仿真电路中，将 12V 车载电源接入到 LM317 输入端，模拟拖拉机随车电源，输出端连接双踪示波器的 A 通道，双踪示波器的 B 通道连接 12V 输入电压，运行软件。仿真电路如图 2-40 所示，仿真结果显示万用表指数稳定地显示为 5.01V，能够满足后续电路对电源电压的要求。

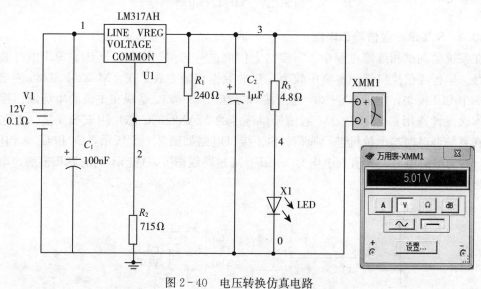

图 2-40　电压转换仿真电路

2.3.14.2 模拟信号处理电路仿真

在前文，设计了模拟信号处理电路，由于模拟信号为 0~5V 的直流电压信号，故在仿真电路中使用函数信号发生器产生 0~5V 的锯齿波信号，模拟传感器的输出信号。信号发生器面板设置如图 2-41 所示。

模拟信号仿真电路如图 2-42 所示，模拟信号处理电路的输入端连接函数信号发生器，输出端连接双踪示波器的 A 通道，双踪示波器的 B 通道连接函数信号发生器。设置函数信号发生器产生 0~5V 的锯齿波信号，模拟传感器输出的电压信号。

运行仿真电路，可以通过示波器显示屏观察到两路信号随时间变化的输出波形。仿真结果如图 2-43 所示，

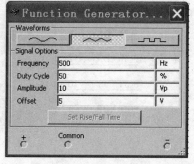

图 2-41　信号发生器面板

仿真结果表明，由传感器输出的 0～5V 电压信号经过模拟信号处理电路的处理后，转换为 0～3.3V 的电压信号，两个电压信号能够稳定地保持着同增同减的趋势，满足 TMS320F28335 的 A/D 模块引脚的电气特性要求，符合设计要求。

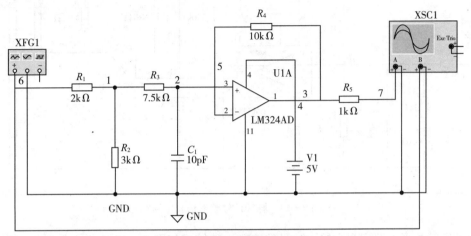

图 2－42　模拟信号仿真电路

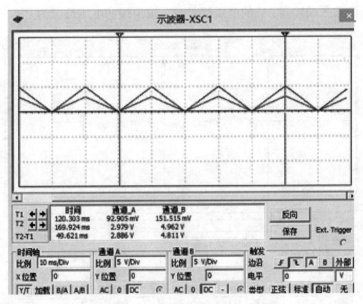

图 2－43　模拟信号处理电路仿真波形

2.3.14.3　脉冲信号处理电路仿真

在前文，设计了脉冲信号处理电路，其功能是将大小为 5V 的电压信号转换成 3.3V 的电压信号。脉冲信号仿真电路如图 2－44 所示，设置函数信号发生器产生占空比为 50%、大小为 5V 的矩形波信号，模拟转速传感器的输出信号。同模拟信号仿真电路类似，在 TMS320F28335 的 CAP 模块引脚处使用双向示波器，观察电路的输出波形，分析脉冲信号处理电路。

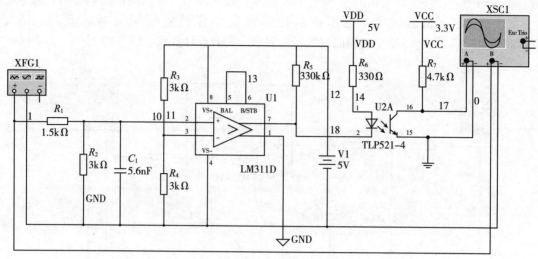

图 2-44 脉冲信号整形仿真电路

通过运行仿真电路，观察输出信号的波形，其结果如图 2-45 所示。从图中可以看出：当脉冲信号处理电路的输入端输入 5V 的脉冲信号时，输出端输出 3.3V 的电压信号；当脉冲信号处理电路的输入端输入 0V 的电压信号时，输出端的电压近似为 0V，符合设计要求。

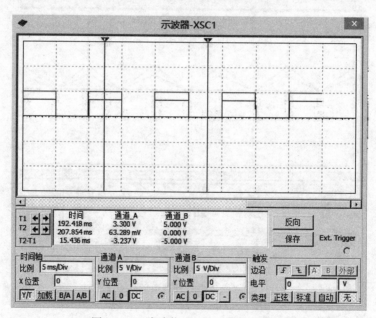

图 2-45 脉冲信号整形电路仿真波形

2.4 液压系统

双离合器是一种自动离合器，无须离合器踏板，通过其操作机构接收电子装置指令实现离合器分离、接合动作。双离合器操纵机构性能的优劣直接影响双离合器的工作品质，进而影响整个拖拉机的各项性能。

拖拉机 DCT 变速箱换挡时要求快速、平顺、无冲击，为此变速箱换挡执行机构液压系统在设计时需满足以下要求。

（1）液压缸行程　液压缸行程过短时，可能导致同步器啮合套与被同步齿轮啮合齿圈不完全啮合，表现为脱挡或挂不上挡的情况；液压缸行程过长时，会使同步器啮合套在换上挡后，仍承受很大的轴向推力，严重影响啮合套寿命。所以，液压缸行程在计算时需根据尺寸链的换算确定其公差，最终得出液压缸行程的尺寸。

（2）液压缸负载力　液压缸负载力过小，会使同步器锁环锥面对被同步齿轮上锥面的正压力小，导致换挡时间长，甚至换不上挡，由于锁环锥面长时间滑摩产生大量热量，将严重影响锁环的性能。液压缸负载力过大，换挡时会造成很大的冲击力，可能导致拖拉机出现抖动现象。液压缸负载力是由进入液压缸的液压油液的压力和活塞有效面积决定的。所以，应根据换挡时间要求及同步器所需轴向力确定系统压力和计算活塞直径，即液压缸负载力。

（3）换挡速度　换挡速度直接影响换挡时间和冲击度。换挡速度过小，冲击度小，但换挡时间变长，根据实际经验一次换挡时间在 1.4s 较合适，一次挂挡时间应不超过 400ms，且换挡时间过长会影响同步器寿命。换挡速度过大，换挡时间短，同时冲击度大，严重影响拖拉机行驶平顺性。变速器液压换挡执行的换挡速度由流入液压的流量决定，所以可以通过流量控制达到控制换挡速度的目的。

（4）液压缸内泄漏　由于缸孔和活塞、活塞和滑套、滑套和缸孔之间都存在间隙，使得液压缸不可避免地存在内泄漏。内泄量过大会影响换挡时间，且内泄漏严重会产生大量的热量，使油温升高，影响油液黏度，从而对整个液压系统产生不利的影响。

（5）元件响应速度　液压系统包含控制油液流量、方向和压力的阀及辅助元件，这些液压阀的延迟时间和响应速度都会影响换挡时间。因此，在选用液压元件时需考虑这些因素的影响。

液压系统设计详见第 6 章中"6.4.4　液压系统设计"。

第3章 拖拉机双离合器自动变速器机械系统

3.1 双离合器自动变速器机械性能

由于拖拉机的工作环境同汽车的工作环境差别巨大，因此对变速器的要求也存在着许多差别。汽车用变速器多追求操作舒适、运行平稳，挡位一般不超过 6 个，而拖拉机变速器多要求大转矩、运行可靠，挡位一般都在 10 个左右。随着技术进步，挡位呈增多趋势，达到几十个之多。这就要求，在设计拖拉机双离合自动变速器的时候，需要结合拖拉机工况与汽车工况，在结构上做出相应的改变。本设计选取的东方红 1804 拖拉机参数如表 3-1 所示。

表 3-1 东方红 1804 拖拉机参数

项目	参 数
发动机	12h 标定功率 132kW（2 200r/min） 排放执行 国Ⅰ 额定油耗（1kW·h）＜235g
轮胎	型号 16.9-28/20.8-38 滚动半径 0.88m
驱动装置	驱动 4×4 动力输出功率 112.1kW（540r/min）、112.1kW（1 000r/min） 下挂 610mm 处提升力 36kN 旱田犁耕牵引力 58.5kN 额定牵引力 40kN
整机参数	整机结构质量 6 390kg 使用质量 6 783kg 最小使用质量 6 500kg 轮距 2 800mm 轴距调节（前/后）1 704～2 200mm/1 620～2 200mm 总体尺寸 5 285mm×2 696mm×2 960mm

（1）双离合器形式确定 通过干、湿式双离合器的性能比较，可以得出湿式双离合器具有良好控制品质、压力分布均、传递转矩大、热容性好、寿命长等优点。拖拉机经常在低转

速高转矩的状态下工作，对离合器的转矩传递能力和散热能力有较高的要求，综合比较干、湿双离合器各自的结构和性能，在本设计中选取湿式双离合器作为拖拉机 DCT 的双离合器形式。

（2）齿轮轴系结构确定　双离合器自动变速器可分为两轴式、中间轴和双中间轴 3 种类型，结构不同，但都具有挡位预置、换挡迅速、无动力中断、换挡平顺等优点。综合比较 3 种 DCT 齿轮轴系的特点，结合拖拉机变速器自身的特点，本设计采用三中间轴式结构，其结构如图 3-1 所示。

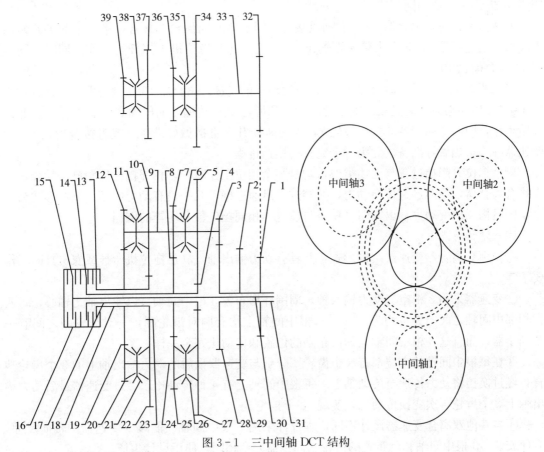

图 3-1　三中间轴 DCT 结构

1、2、28. 输出轴齿轮　3、5、7、10、12、20、22、25、27、29、32、34、36、37、39. 中间轴齿轮

4、8、23、19. 主动齿轮　30. 动力输出轴　31. 输出轴　17、18. 动力输入轴

9、24、33. 第一、第二、第三中间轴　6. Ⅰ、Ⅲ挡同步器　11. Ⅱ、Ⅳ挡同步器　26. Ⅴ挡、Ⅶ挡同步器

21. Ⅵ、Ⅷ挡同步器　35. Ⅸ、Ⅺ挡同步器　38. Ⅹ、Ⅻ挡同步器　13、14、15. 离合器　16. 离合器盖

　　三中间轴式结构与双中间轴式 DCT 的传动形式和功率流比较相似，均是将动力经过中间轴改变传动比，再经一根动力输出轴将动力输出。双中间轴式 DCT 同两轴式 DCT 相比，最大的区别就是使用了两根中间轴来传递输入轴到输出轴的动力，具有挡位多、轴向尺寸小和能设计直接挡的优势。三中间轴式 DCT 同样具有这样的特点，三根中间轴可以设计更多的挡位，也可以布置直接挡。本设计中的拖拉机 DCT 采用与双中间轴式 DCT 不同的倒挡

方式，通过加装一个反向机构，改变所有前进挡的方向，可以得到与前进挡相同转矩、相同数量的倒挡。

（3）工作原理 动力输出轴30为一实心轴，当拖拉机需要挂载农机具作业的时候，离合器15与发动机接合传输动力，否则不接合。

第一中间轴上放置Ⅰ、Ⅱ、Ⅲ、Ⅳ挡，第二中间轴上放置Ⅴ、Ⅵ、Ⅶ、Ⅷ挡，第三中间轴上放置Ⅸ、Ⅹ、Ⅺ、Ⅻ挡。同步器6为Ⅰ、Ⅲ挡同步器，同步器11为Ⅱ、Ⅳ挡同步器，同步器26为Ⅴ、Ⅶ挡同步器，同步器21为Ⅵ、Ⅷ挡同步器，同步器35为Ⅸ、Ⅺ挡同步器，同步器38为Ⅹ、Ⅻ挡同步器。

变速器工作时，离合器14与发动机接合，同步器6同齿轮5接合，第一中间轴开始输出动力，通过齿轮3，将动力传递至输出轴31上，此时拖拉机Ⅰ挡开始工作，同时，同步器11接合齿轮10。

当需要升至Ⅱ挡时，离合器14断开与发动机的连接，离合器13立刻与发动机接合，齿轮10开始传递动力，通过互相啮合的齿轮3和齿轮28，传递至输出轴31，此时拖拉机Ⅱ挡开始工作，同时，同步器6接合齿轮7，为变速器升入Ⅲ挡做好准备，或者接合齿轮5，为变速器降入Ⅰ挡做好准备。此为一个完整的换挡过程。

剩余挡位升降挡过程与上述类似，均是某个挡位工作时候，相邻挡位齿轮已经啮合，只需接合离合器，便能迅速传递动力，换挡过程迅速准确，几乎没有动力中断。倒挡形式为一个反向机构，改变动力输出方向，获得与前进挡相同挡位数和转矩的倒挡。

（4）结构特点

①采用双离合器变速器结构形式，并具有动力输出轴，满足拖拉机所挂载农机具的工作要求。

②变速器采用3根空套动力输入轴，周围环形布置3根中间轴，以输出轴为轴心，每两根相邻中间轴之间的夹角均为120°。每根中间轴上均有两对齿轮副，一对齿轮副之间有一个同步器，而且这3根中间轴上的齿轮副的位置和传动比完全一样。

③在每根中间轴的末端都有一个齿轮，分别与变速器最后的动力输出轴上的3个齿轮啮合，经过换挡将动力传递至传动轴上。每根中间轴上有4种传动比，经过变速器最后动力输出轴上3个齿轮再次变换传动比，实现12个挡位。

④与其他双离合变速器设计不同，本设计采用3根中间轴，能减少变速器的轴向尺寸，方便安装。3根中间轴和所布置的齿轮、同步器完全相同，便于设计生产。

⑤现代拖拉机功能越来越先进，除了农业工作外，还可以承担运输任务，所以本设计具有直接挡和超速挡，可以满足拖拉机的运输任务要求。

3.1.1 传动比确定

机组运动速度是决定机组生产率的一个主要因素，但机组运动速度的大小，首先取决于动力种类及其功率的大小。在以人力和畜力为动力时期，作业速度只能在2.5～4km/h的范围内变化。自从内燃机作为农业动力后，作业速度提高，大致在4～5.5km/h的范围内。

国外在研究机组高速作业时，分为两个阶段：第一个阶段是把原有机组的工作速度3.5～7km/h提高到5～9km/h，第二个阶段是进一步探索把机组工作速度提高到9～15km/h。可以看出，机组的工作速度不断提升。

对于拖拉机缓行和爬行速度的挡位来说，主要根据作业要求确定其速度，然后根据速度确定传动比。根据现阶段拖拉机产品参数和本地区农业作业环境综合考虑，确定Ⅰ挡速度为 2.3km/h。由公式 $v_n = 0.377 n r_q / i_n i_o$，其中 i_o＝主减速器传动比 $4.55 \times$ 轮边减速器传动比 $6.4 = 29.1$，发动机额定转速 $n = 2\,200$r/min，拖拉机滚动半径 $r_q = 0.88$m，计算得Ⅰ挡传动比 $i_1 \approx 10.91$。

根据发动机的调速特性，当发动机上的载荷接近其标定转矩 M_{ed} 时，其生产率和经济性较好。因此最好在任何工况下，发动机的工作载荷都应等于或者略低于 M_{ed}。但是当拖拉机进行各种作业时，由于作业项目和作业条件的不同，其驱动力 P_q 会在一个较大的范围内变化：

$$P_q = \frac{M_c i \eta_{cl}}{r_q} \tag{3-1}$$

式中：i 为各挡的总传动比；η_{cl} 为传动效率；r_q 为滚动半径。

在工作时 η_{cl} 和 r_q 可以认为是常数。当所需的 P_q 值不同时，若希望 M_e 始终等于 M_{ed}，则由式（3-1）看出，传动比 i 必须相应地随驱动力 P_q 成正比变化，这就需要变速器为无级变速。当变速器为有级变速时，只具有有限的几个挡位，也就是只具有有限的几个传动比，因此只能使在 P_q 值时，M_e 尽可能地接近 M_{ed}。当挡位越多，也就是可选择的传动比 i 越多时，越能使 M_e 在较接近于 M_{ed} 的范围变化，这还与传动比 i 的选择是否恰当有关。

按几何级数确定传动比的原则是：当拖拉机在所有挡位上工作时，要使发动机的转矩 M_e 都在一个相同的范围即 M_{ed} 至某一 M_{min} 之间工作。

设传动系有 3 个挡位，其传动比分别为 i_1、i_2、i_3，$i_1 > i_2 > i_3$，并且按上述原则绘出 M_e—P_q 射线图，如图 3-2 所示。图中，当驱动力为 P_{qmax} 时，用Ⅰ挡（$i = i_1$）工作，其相应的发动机转矩为 M_{ed}，是最佳情况；随着 P_q 值的减小，M_e 也在减小；当 P_q 减小至 P_q' 时，M_e 也减小至 M_{min}。这时可以换用Ⅱ挡，$i = i_2$，此时 M_e 又等于 M_{ed}；P_q 值由 P_q' 再下降，M_e 也随着下降，情况与上述相同。图 3-2 合乎上述原则，当驱动力在 $P_{qmax} \sim P_{qmin}$ 区间任意变化时，各挡位上发动机转矩都能保证在 $M_{ed} \sim M_{min}$ 的范围工作，因此保持了较高的生产效率和较好的经济性。若不按等比级数确定传动比，必然有一个或几个传动比 i 的值，其转矩 M_{ed} 的下限低于 M_{min}。

由图 3-2 可得

$$\frac{M_{emin}}{M_{ed}} = \frac{P_q'}{P_{qmax}} = \frac{P_q''}{P_q'} = \frac{P_{qmin}}{P_q''} = q \tag{3-2}$$

式（3-2）中 q 称为几何级数的公比值。由式（3-2）可得出：

$$\frac{P_{qmin}}{P_{qmax}} = \frac{P_q'}{P_{qmax}} \cdot \frac{P_q''}{P_q'} \cdot \frac{P_{qmin}}{P_q''} = q \cdot q \cdot q = q^3 \tag{3-3}$$

当挡位数为 n 时，同理可推出：

$$q = \sqrt[n]{\frac{P_{qmin}}{P_{qmax}}} \tag{3-4}$$

若用发动机最小载荷系数 k_{min} 表示 M_{emin} 与 M_{ed} 的比值，则由式（3-2）可得出：

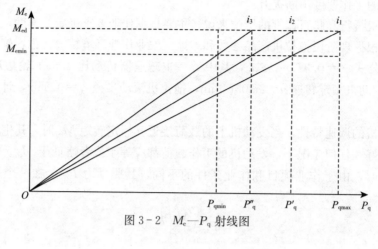

图 3-2 M_e—P_q 射线图

$$k_{\min}=\frac{M_{\mathrm{emin}}}{M_{\mathrm{ed}}}=q \qquad\qquad (3-5)$$

式（3-5）表示，发动机最小载荷系数 $k_{\min}$ 等于传动比的公比 q，根据课题的实际需要和理论依据，本章取 $k_{\min}=0.79$。在相同的 $P_{\mathrm{qmax}}\sim P_{\mathrm{qmin}}$ 范围内，挡位数 n 越多，则 $k_{\min}$ 和 q 的值越接近于 1，越有利于提高拖拉机的生产率和经济性。

计算得Ⅰ挡传动比 $i_1\approx10.91$。发动机最小载荷系数 $K_{\min}$ 等于传动比的公比 q，再由公式 $i_n=i_1 q^{n-1}$ 可求得剩余挡位的传动比分别为 $i_2=8.62$、$i_3=6.81$、$i_4=5.38$、$i_5=4.25$、$i_6=3.36$、$i_7=2.65$、$i_8=2.09$、$i_9=1.65$、$i_{10}=1.30$、$i_{11}=1.00$、$i_{12}=0.79$。

上述传动比分配的方法，实际应用到拖拉机上还有一些差异，在实际设计过程中，需要按此方法求出各挡速度和传动比是否满足各种作业的需要，可能要进行一些调整。同时，由于变速线结构的限制和齿轮齿数等原因，也必然要做出一些修正。所以最后确定的传动比值，只是大概呈几何级数关系。

3.1.2 双离合器自动变速器拖拉机牵引性能

拖拉机的牵引性能是其中一个重要评价标准，我国的拖拉机生产或进口，必须按照国家标准进行牵引试验并绘制牵引特性曲线。此外，在农机使用部门，掌握了拖拉机的牵引特性，就能为拖拉机的选型、合理编制机组、制定田间作业等做出科学判断。本章在确定拖拉机传动方案后，确定了传动比和挡位数，在取得拖拉机参数的基础上，通过绘制拖拉机的牵引特性曲线，评价 DCT 拖拉机的牵引性能。

3.1.3 牵引特性曲线意义

拖拉机的牵引特性曲线，由拖拉机各动力性能和经济性能指标，在各挡下随着牵引力的变化而变化的一系列曲线组成。通过牵引特性曲线，能够清晰地看出拖拉机与其发动机性能之间的联系。在拖拉机的牵引特性曲线图上，还可表示出发动机的有效功率、转速和有效转矩随牵引阻力变化而变化的关系。牵引特性曲线把拖拉机的各项牵引特性指标综合在一起，能够全面而具体地反映出拖拉机的各项性能指标之间的联系，反映出拖拉机的工作性能。

3.1.4 牵引性能主要评价指标

牵引特性曲线全面反映了带有水平挂钩负荷的拖拉机的牵引性能，在具体分析和比较拖拉机的牵引性和经济性时，常常利用牵引特性曲线上的一些特性指标，其中几项主要指标如下：

①各挡最大牵引功率时的牵引性与经济性指标有最大牵引功率、挂钩牵引力、行驶速度、滑转率、小时油耗、比油耗、牵引效率或假想牵引效率，这些指标表明满负荷工作时的牵引性能和经济性能。某挡最大牵引功率时的假想牵引效率是指该挡最大牵引功率 N_{Tmax} 与发动机额定功率 N_{ed} 之比，以 η_T 表示。假想牵引效率并不是效率的概念，因为最大牵引功率 N_{Tmax} 往往不与发动机的额定功率相对应。但由于牵引特性曲线通常是由试验得出的，难以准确确定其真实的牵引效率，往往只能以假想牵引效率来代替，作为评价指标。

②容许滑转时的挂钩牵引力、附着力和牵引功率，这些指标表明拖拉机最大的牵引能力。

③各挡最大的挂钩牵引力及相应的滑转率和牵引力储备系数 η_b，这些指标表明拖拉机不换挡时克服短期超载的能力。

$$\eta_b = \frac{P_{Tmax}}{P_{Te}} \qquad (3-6)$$

式中：P_{Tmax} 为各挡最大挂钩牵引力（kN）；P_{Te} 为各挡最大挂钩功率时的挂钩牵引力（kN）。

④各挡空驶时的行驶速度和小时油耗，这些指标表明拖拉机的空驶能力。

⑤拖拉机的空驶阻力。

3.1.5 牵引特性曲线绘制

拖拉机的牵引特性，全面反映了拖拉机在各挡下，各主要动力性能和经济性能指标，随着牵引力的变化而变化的规律。掌握和运用这些规律，就可以在使用中更好地发挥拖拉机的效能，提高其生产作业的效率和经济性。

影响拖拉机牵引特性的最基本的因素是：发动机特性、拖拉机的重量和重量分配、传动系的传动比和排挡数、行走系结构和土壤条件。只有这些因素合理配合，才能得到较为理想的牵引特性。

3.1.5.1 牵引功率特性

DCT 拖拉机的牵引功率特性和传统拖拉机一样，指作业时挂钩处的功率输出随牵引力的变化关系。对 DCT 拖拉机的牵引功率特性进行分析计算，得出 DCT 拖拉机的牵引功率输出特性曲线，如图 3-3 所示。

DCT 拖拉机以某个挡位运行时，随着被利用的牵引力增长，牵引功率则直接增大，但拖拉机作业速度应有所降低。在此区间，发动机按调速规范运转，驱动行驶装置的滑转率也直接增加。当发动机牵引力增大到某一数值时，拖拉机的驱动行走滑转率急剧增长并引起牵引功率的急剧降低，作业速度也随之下降。

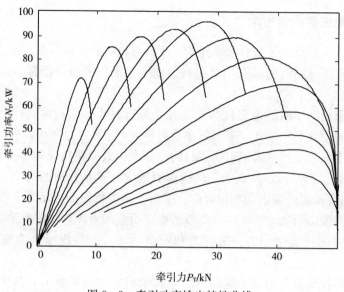

图 3-3　牵引功率输出特性曲线

3.1.5.2　行驶速度特性

根据拖拉机行驶速度计算公式和 DCT 拖拉机的输出特性，绘制出其行驶速度特性图，如图 3-4 所示。

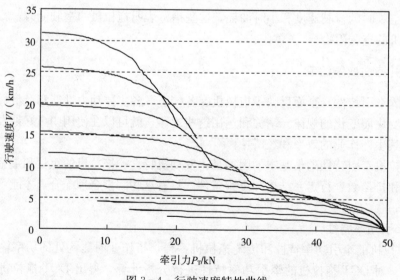

图 3-4　行驶速度特性曲线

DCT 拖拉机的行驶速度，不仅与驱动轮的半径和拖拉机的传动比有关，还与发动机的转速和驱动轮的滑转率有关。在牵引特性中，随着牵引力的变化，各挡的运动速度也将变化，其变化规律由发动机的调速特性、拖拉机的传动比和滑转率所决定。

3.1.5.3　牵引效率特性

为了更明显地反映拖拉机牵引效率 η_T 随附着重利用系数或牵引力变化而变化的关系，

可以用牵引效率特性曲线来表示，如图 3-5 所示。

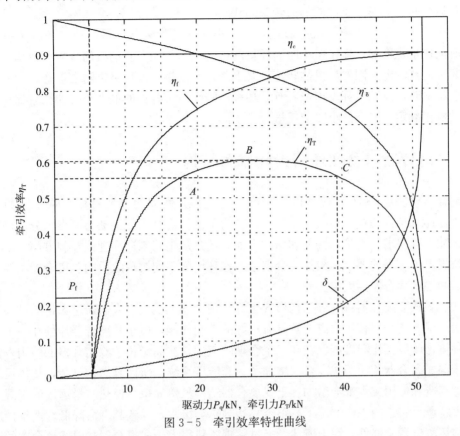

驱动力P_q/kN，牵引力P_T/kN

图 3-5 牵引效率特性曲线

牵引效率随驱动力变化而变化，牵引效率中，传动系的效率变化较小，可以认为是常值。因此，牵引效率的变化主要取决于行走系效率。牵引效率有一个最大值 $\eta_{T_{max}}$，本设计约为 0.6。从图 3-5 中还可以看出存在一个最有利的驱动力值，此值与最高牵引效率相对应，也就是图中的 B 点，AC 线为 $0.9\eta_{T_{max}}$ 线，对应的驱动力取值范围为 17.96～39.12kN。

不同型号的拖拉机在同一种土壤条件下的牵引特性曲线是不同的。同一台拖拉机在不同的土壤条件下，其牵引特性也是不同的。虽然这样，各种拖拉机的牵引特性又有其共同的规律。下面对本章设计的 DCT 拖拉机的牵引特性做简要的分析。

(1) 拖拉机的运行速度　其除了与驱动轮的半径和拖拉机的传动比有关外，还与发动机的转速和驱动轮的滑转率有关。在牵引特性曲线中，随着牵引力的变化，各挡速度也发生变化，其变化的规律由发动机的调速特性、拖拉机的传动比和滑转率所决定。

在各个挡位下，空载时拖拉机的运行速度最高。以后随着牵引力的增加，发动机转速逐渐下降，同时滑转率逐渐上升，因此速度下降。当发动机超负荷运行时，速度显著下降。在较低挡位时，由于附着力不足，滑转率急剧增加，拖拉机的速度将显著降低，直到完全滑转或者熄火。

(2) 拖拉机滑转率　在一定的土壤条件下，拖拉机的滑转率与附着重利用系数成一定的函数关系，如果运行中的拖拉机静附着重量不变，则滑转率随着牵引力的增加，开始缓慢增加，当牵引力到达一定值以后，滑转率就会急剧增加。同一台拖拉机在同一种土壤条件下以不同挡位运行时，只有一条共同的滑转率曲线。

（3）小时油耗量　当拖拉机空载运行时，小时油耗量为某一最小值，随着牵引力的增加，小时油耗量也增加。拖拉机小时油耗量的最大值，相应于发动机的最大有效功率时。在发动机超负荷范围内，因发动机的转速显著下降，所以小时油耗量也随之下降。如果在各挡最大牵引功率时，发动机都发出最大有效功率，则拖拉机各挡的最大小时油耗量都相同，它就是发动机在额定工况下的小时油耗量。

3.2　双离合器自动变速器齿轮轴系结构

双离合器模块是 DCT 变速器的关键部件之一，其性能的好坏直接影响车辆的起步控制、动力传递、挡位切换、换挡品质等性能。为了确保离合器传递动力可靠、分离彻底、接合平稳无冲击等要求，无论从性能和结构方面，还是从工艺制造和理论控制方面，都对双离合器模块提出了更高的要求。根据离合器片工作环境的不同，现阶段的双离合器主要分为干式离合器和湿式离合器两大类。

干式、湿式双离合器哪一种结构形式更好，现在还无定论。人们通过大量的试验数据对比后得出：湿式离合器较干式离合器具有更好的控制性能，由于其离合器片处在一个密封的液压油环境，所以工作温度能保持在一个合理的范围，从而延长了双离合器的使用寿命。但是，由于湿式离合器相比干式离合器增加了一套液压系统，所以其结构复杂，整体尺寸也有所增加，制造和使用成本都会增加。干式离合器结构虽然简单，但热容量远远低于湿式离合器，在大转速大转矩的工作情况下，很容易达到热容极限，导致其寿命降低，严重情况下还可能会损坏离合器零部件。综上所述，通过整理资料得出干式离合器与湿式离合器的性能优缺点，如表 3-2 所示。

表 3-2　干式、湿式离合器优缺点比较

类型	优点	缺点
干式离合器	机械效率高	直径大，长时间滑摩时控制难
	轴向长度小	滑摩过程中摩擦特性变化大
	结构简单	接合点会随温度和磨损量的变化而变化
湿式离合器	直径小	轴向长度大
	摩擦特性稳定	液压系统导致效率降低
	控制较容易	离心压力对活塞有影响

为了给选择离合器形式确定依据，德国 Schaeffler 公司的技术人员对离合器的负载性能进行了研究。通过实验和搜集，将得到的数据与能力指数进行对比，如图 3-6 所示。能力指数的影响因素有离合器的规格、冷却性能、热性能和磨损等。在选择离合器时不仅要考虑最重要的负载性能和能力因素，同时也要考虑离合器所要传递的发动机功率和空间布置要求。从图 3-6 可以看出，当发动机功率和转矩都很大，对离合器条件要求比较高的场合，

比如工程车辆和越野车辆，这类车辆宜采用湿式双离合器；在发动机功率和转矩不高，且对离合器热容能力要求不高的场合，如小型乘用车上，可以采用干式双离合器布置形式。

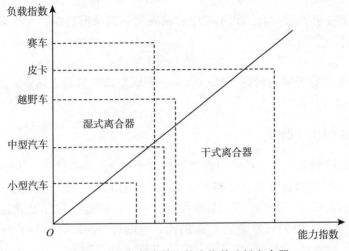

图 3-6　从负载指数和能力指数选择离合器

3.2.1　湿式双离合器的结构布置形式

湿式双离合器的结构布置形式主要有两种，按照摩擦片在离合器中布置形式的不同，分为轴向平行式和径向嵌套式。

径向嵌套式布置形式，由于受径向尺寸的限制，所以其转矩也受到限制，适合传递转矩不是很大的情况。轴向平行式布置形式具有较高转矩能力，结构紧凑，其径向尺寸较小，但轴向尺寸较大。

3.2.2　湿式双离合器摩擦副材料的选择

车辆传动中使用的离合器摩擦副材料可分为两大类：第一类是金属材料，如钢兑黄铜、钢兑粉末冶金等；第二类是非金属材料，如纸质、塑料合成物，最近还有公司开发出新型材料如陶瓷粉、纳米碳酸钙等。

金属摩擦副材料如采用铜基材料制成的摩擦片，具有导热性好、机械强度高等特点，但其摩擦系数不稳定，静摩擦系数较高，但动摩擦系数下降较为明显，有时仅为静摩擦系数的一半。非金属材料不存在这种缺点，摩擦系数大而且稳定，并具有价格低、润滑保持性好等优点。据资料可知，非金属型纸质材料的静摩擦系数 μ_j 为 $0.13\sim0.16$，动摩擦系数 μ_d 为 0.11。

3.2.3　离合器摩擦转矩的计算

离合器的摩擦转矩 M_m 与作用半径、压紧力和摩擦系数等有关，而摩擦副的换算半径 r_h 与摩擦副衬面的材料有关，所以不同材料的摩擦副会有不同的表达式。非金属型摩擦材料换算作用半径 $r_h = 2(R^3 - r^3)/3(R^2 - r^2)$，摩擦转矩为

$$M_{\mathrm{m}} = 0.67\pi\mu\varphi(1-\alpha_{\mathrm{m}}^3)[q]R^3Z \tag{3-7}$$

式中：μ 为摩擦系数；φ 为接触系数（$\varphi<1$）；α_{m} 为摩擦片内外半径的比值；$[q]$ 为摩擦片允许的比压（MPa）；R 为摩擦片外半径（mm）；Z 为摩擦片数。

要保证离合器能够正常接合工作不发生打滑现象，其摩擦转矩要大于发动机的转矩，离合器的摩擦转矩 M_{m} 为

$$M_{\mathrm{m}} = \beta M \tag{3-8}$$

式中：M 为离合器传递的转矩（N·m），一般取发动机的最大转矩；β 为离合器的储备系数，一般选 $\beta=1.1\sim1.25$。

3.2.4　摩擦表面的尺寸选择

湿式离合器摩擦副表面尺寸参数包括摩擦片内半径 r、外半径 R、表面接触系数 Ψ、摩擦片数 Z 等。这些参数都会对离合器的正常工作产生影响，下面分别确定其选择方法。

（1）摩擦片内半径 r、外半径 R　摩擦片内、外半径的选择实际上就是对摩擦片内、外半径之比为 α_{m} 的选择，因为只要确定了 α_{m} 的值，就能得出摩擦片内外半径的值：

$$R = \sqrt[3]{\frac{2\beta M}{\pi\mu\varphi(1-\alpha_{\mathrm{m}})(1+\alpha_{\mathrm{m}})^2[q]Z}} \tag{3-9}$$

摩擦片的内外半径之比 α_{m} 对摩擦片的摩擦转矩、比压等都有影响。对非金属型摩擦副按较小比压考虑，应该取 $\alpha_{\mathrm{m}}<0.5$。磨损阻抗随 α_{m} 减小而增加，在实际设计中为了缩小尺寸获得较大的摩擦转矩，允许磨损有所增加。选择 α_{m} 值还应考虑离合器结构特点，轴向平行式湿式双离合器的两个湿式离合器的 α_{m} 值可取一样，径向嵌套式湿式双离合器因为要压缩径向齿轮，所以其内外径的选择不一样，外离合器摩擦片 α_{m} 取大一些，内离合器摩擦片 α_{m} 取小一些。

（2）表面接触系数 Ψ 和允许比压　与奇数挡连接的湿式离合器的摩擦面接触系数 Ψ 应小一些，与偶数挡连接的湿式离合器的摩擦面接触系数 Ψ 应大一些。摩擦面接触系数通常取 $\Psi=0.6\sim0.7$。

（3）摩擦片数 Z　受到双离合器尺寸的限制，摩擦片应保证在正常传递转矩并具有一定储备系数的前提下，尽量取少。

离合器摩擦副在传递转矩时，压紧力从第一对摩擦片到后面各对摩擦副是逐渐减小的。引入使压紧力降低的系数 K_p，计算 K_p 的理论值：

$$K_p = \frac{(1+A)\left[1-(AB)^{\frac{Z}{2}}\right]}{\left(1+\mu\mu_1\dfrac{r_{\mathrm{h}}}{R_{\mathrm{j}}}\right)(1-AB)Z} \tag{3-10}$$

式中：$A=\dfrac{1-a}{1+a}$，$B=\dfrac{1-b}{1+b}$，其中 $a=\mu\mu_1\dfrac{r_{\mathrm{h}}}{r_{\mathrm{j}}}$，$b=\mu\mu_1\dfrac{r_{\mathrm{h}}}{R_{\mathrm{j}}}$；$\mu$ 为摩擦片间的摩擦系数；μ_1 为花键齿的滑动摩擦系数；r_{j} 为内花键齿平均半径（mm）；R_{j} 为外花键齿的平均半径（mm）。

3.2.5　轴系参数设计

传统 DCT 变速器只具有奇数挡轴和偶数挡轴，拖拉机变速器在工作时，还需要把一部

分动力输出到所载农机具上，所以还需要一根动力输出轴负责农机载具的动力供应。两根输入轴和末端齿轮轴的长度通过同步器和齿轮的参数选定。在进行机械设计时，考虑到材料的受力和合理利用情况，结合安装时的需要，轴一般都采用阶梯型的设计结构。中间轴的具体结构也需要根据同步器和齿轮的参数和安装位置来考虑。

3.2.6 轴系结构设计方法

变速器工作情况的好坏，很大程度上取决于轴的尺寸和形状的选择是否得当。当变速器轴的刚度不足时，齿轮和轴承的工作情况显著变坏，齿轮和轴承会倾斜地工作。啮合的正确性遭到破坏，零件迅速报废。

在进行轴的计算时，因为在挂上不同挡位时，轴传送的扭转转矩和弯曲转矩也产生变化。所以为了确定轴的尺寸，必须知道轴上受载荷作用最不利的情况，并根据这个载荷进行计算。

在工作中轴传送转矩，并由于齿轮所传递的力弯曲，所以要根据合成应力的公式进行弯曲和扭转的计算。

按材料许用切应力计算，其切应力为

$$\tau_T = \frac{T}{W_T} \approx \frac{9.55 \times 10^6 \frac{P}{n}}{0.2d^3} \leqslant [\tau_T] \tag{3-11}$$

式中：$[\tau_T]$ 为材料的许用扭转切应力（MPa）；T 为发动机转矩（N·mm）；W_T 为轴的扭转截面系数（mm³）；P 为轴传递的功率（kW）；n 为转速（r/min）；d 为计算截面处轴的直径（mm）。

由式（3-11）可得轴的直径设计公式，对于实心轴，有

$$d \geqslant \sqrt[3]{\frac{5 \times 9.55 \times 10^6 P}{0.2[\tau_T]n}} = A_0 \sqrt[3]{\frac{P}{n}} \tag{3-12}$$

对于空心轴，有

$$d \geqslant A_0 \sqrt[3]{\frac{P}{n(1-\beta^4)}} \tag{3-13}$$

式中：$A_0 = \sqrt[3]{9\,550\,000/0.2[\tau_T]}$。

轴的材料系数，与轴的材料和载荷情况有关的数据，都可以通过查阅相关资料，根据需要选取合适的数据。

传动系中共有一根实心轴和三根空心轴，在确定轴的参数时，先设计实心轴的尺寸参数，根据计算结果，再确定空心轴的尺寸参数。轴的前后端还要通过轴承固定，根据轴径和轴的受力情况，选取合适的滚动轴承。根据经验公式，空心输入轴的内、外轴径 d_n 和 d_w 之比为 $\phi = d_n/d_w = 0.5 \sim 0.8$。

一般轴的材料采用优质碳素结构钢或中碳合金钢的比较多。比如 45 号钢、40Cr、40MnB 等，主要是因为这一类的钢材经过调质处理之后，会具备比较优良的综合机械性能，即强度、硬度提高的同时，塑性和韧性并不降低，具有良好的综合机械性能。轴的材料采用40Cr 合金钢，调质处理。

利用式（3-12），取 $A_0 = 98$，可以计算出动力输出轴 30（图 3-1）的直径 d_{30} 为 34mm。

空套在动力输出轴上的奇数挡动力输出轴 17 和偶数挡动力输出轴 18 为空心轴，利用式（3-13）可计算得出。3 根中间轴的尺寸相同，计算出其中一个即可。计算得 d_{17} 的内径为 38mm，外径为 56mm，其中 $\beta = 0.67$；d_{18} 的内径为 60mm，外径为 90mm，其中 $\beta = 0.67$。第一中间轴 d_9 的内径为 30mm，外径为 50mm，其中 $\beta = 0.6$。

3.2.7 轴系强度校核方法与结果

3.2.7.1 轴强度校核方法

（1）轴刚度校核　确定轴的尺寸参数后，需要对其进行强度和刚度的校核，确保其满足设计需要。传动轴在工作时，由于受到齿轮传递的转矩，会产生在垂直面的挠度和在水平面的转角，这两种都是有害变形。前者影响中心距的变化，破坏齿轮的正确啮合；后者会造成齿轮副相互倾斜，致使作用在齿面的压力分布不均匀。

轴在垂直面内的挠度为 f_c，在水平面内的挠度为 f_s，转角为 δ，其关系式为

$$\left.\begin{aligned} f_c &= \frac{F_r a^2 b^2}{3EIL} \\ f_s &= \frac{F_t a^2 b^2}{3EIL} \\ \delta &= \frac{F_r ab(b-a)}{3EIL} \end{aligned}\right\} \tag{3-14}$$

式中：F_r 为齿轮齿宽中间平面上的径向力（N）；F_t 为齿轮齿宽中间平面上的圆周力（N）；E 为弹性模量（MPa），$E = 2.1 \times 10^5$ MPa；I 为惯性矩，对于实心轴，$I = \pi d^4/64$，对于空心轴，$I = \pi(d_2^4 - d_1^4)/64$；$d$ 为轴的直径（mm）；a、b 为齿轮上的作用力距支座 AB 的距离（mm）；L 为支座间的距离（mm）。

轴的全挠度 $f = \sqrt{f_c^2 + f_s^2} \leqslant 0.2$mm，轴在垂直面和水平面内的挠度的允许值为 $[f_c] = 0.05 \sim 0.10$mm，$[f_s] = 0.10 \sim 0.15$mm。

齿轮所在平面的转角不超过 0.002rad。计算用的齿轮啮合的圆周力 F_t、径向力 F_r 可按下式求出：

$$\left.\begin{aligned} F_t &= F_n \cos\alpha = \frac{2T}{d} \\ F_r &= F_t \tan\alpha \end{aligned}\right\} \tag{3-15}$$

式中：d 为计算齿轮的节圆直径（mm）；α 为节点处压力角；T 为发动机转矩（N·mm）；F_n 为沿啮合线作用的法向力（N）。

（2）轴强度校核　轴在工作时受到多个力的影响，所以应校核其在弯矩和转矩共同作用下的强度。从齿轮上传递来的径向力 F_r 会使轴在垂直面内发生弯曲变形情况，产生垂向挠度 f_c；从齿轮上传递的圆周力 F_t 会使轴在水平面发生弯曲变形并产生水平挠度 f_s。求得轴两端支点处的水平和垂直方向的反力后，就可计算相应的垂直弯矩 M_c 和水平转矩 M_s。其在垂直弯矩和水平转矩共同作用下的应力 σ 为

$$\sigma = \frac{M}{W} \leqslant [\sigma] \tag{3-16}$$

式中：$M = \sqrt{M_c^2 + M_s^2 + T_n^2}$；$T_n$ 为计算转矩（N·mm）；M_c 为在计算断面处轴的垂直弯矩（N·mm）；M_s 为在计算断面处轴的水平弯矩（N·mm）；W 为弯矩截面系数，实心轴 $W = \frac{\pi d^3}{32}$，空心轴 $W = \frac{\pi (d_2^3 - d_1^3)}{32}$；$d$ 为实心轴在计算断面处的直径，花键处取内直径（mm）；d_2 为空心轴在计算断面处的外径（mm）；d_1 为空心轴在计算断面处的内径（mm）；$[\sigma]$ 为许用应力（MPa）。

（3）长轴扭转刚度验算　在进行设计时，如果轴的设计结果较长，考虑到水平转矩的情况，所以需要校核其扭转刚度，确保其扭转角 φ 不会超过许用范围。在转矩 T_n 的作用下，轴的扭转角为

$$\varphi = 57.3 \frac{T_n L}{G J_p} \tag{3-17}$$

式中：T_n 为计算转矩（N·mm）；L 为轴长（mm）；J_p 为轴的横截面的极惯性矩（mm⁴），实心轴 $W = \frac{\pi d^4}{32}$，空心轴 $W = \frac{\pi d_2^4 [1 - (d_1/d_2)]^4}{32}$；$G$ 为轴的材料剪切弹性模量（MPa）。

3.2.7.2　轴强度校核结果

初步计算得到轴的尺寸参数后，对于奇数挡空心轴 17，主要进行奇数挡工作时强度和刚度的校核；对于偶数挡空心轴 18，主要进行偶数挡工作时强度和刚度的校核，其计算结果如表 3-3 和表 3-4 所示。

表 3-3　空心轴 17 的强度和刚度

项目	空心轴 17					
	Ⅰ挡	Ⅲ挡	Ⅴ挡	Ⅶ挡	Ⅸ挡	Ⅺ挡
M_c/(N·mm)	115.67×10^3	131.92×10^3	143.74×10^3	155.43×10^3	163.26×10^3	172.17×10^3
M_s/(N·mm)	273.56×10^3	254.14×10^3	283.43×10^3	279.3×10^3	277.25×10^3	274.47×10^3
T_n/(N·mm)	512.23×10^3	512.23×10^3	512.23×10^3	512.23×10^3	512.23×10^3	512.23×10^3
σ/MPa	54.33	62.34	73.83	69.64	83.60	73.91
f_c/mm	0.001 4	0.015 6	0.026 5	0.004 3	0.000 9	0.005 4
f_s/mm	0.004 3	0.003 7	0.001 5	0.004 5	0.007 2	0.004 6
δ/MPa	0.016 5	0.000 41	0.002 9	0.005 7	0.003 1	0.001 7
f/mm	0.000 1	0.000 2	0.000 2	0.000 1	0.000 2	0.000 1

表 3-4　空心轴 18 的强度和刚度

项目	空心轴 18					
	Ⅱ挡	Ⅳ挡	Ⅵ挡	Ⅷ挡	Ⅹ挡	Ⅻ挡
M_c/(N·mm)	124.53×10^3	137.27×10^3	147.81×10^3	159.35×10^3	167.64×10^3	179.83×10^3
M_s/(N·mm)	276.91×10^3	263.87×10^3	289.56×10^3	259.39×10^3	284.53×10^3	291.65×10^3

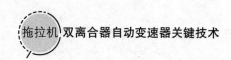

（续）

项目	空心轴 18					
	Ⅱ挡	Ⅳ挡	Ⅵ挡	Ⅷ挡	Ⅹ挡	Ⅻ挡
$T_n/(N \cdot mm)$	512.23×10^3	512.23×10^3	512.23×10^3	512.23×10^3	512.23×10^3	512.23×10^3
σ/MPa	89.54	94.45	84.64	78.47	84.45	90.44
f_c/mm	0.005 7	0.014 3	0.009 1	0.007 3	0.003 6	0.019 8
f_s/mm	0.008 6	0.006 2	0.005 3	0.013 2	0.007 5	0.007 1
δ/MPa	0.002 5	0.004 4	0.009 6	0.027 3	0.003 4	0.006 8
f/mm	0.000 2	0.000 2	0.000 2	0.000 1	0.000 2	0.000 2

第一中间轴校核变速器在Ⅰ、Ⅱ、Ⅲ、Ⅳ挡工作时的强度和刚度，第二中间轴校核在Ⅴ、Ⅵ、Ⅶ、Ⅷ挡工作时的强度和刚度，第三中间轴校核在Ⅸ、Ⅹ、Ⅺ、Ⅻ挡工作时的强度和刚度，其计算结果如表 3-5、表 3-6 和表 3-7 所示。

表 3-5　第一中间轴的强度和刚度

项目	第一中间轴			
	Ⅰ挡	Ⅱ挡	Ⅲ挡	Ⅳ挡
$M_c/(N \cdot mm)$	251.43×10^3	264.37×10^3	289.54×10^3	277.16×10^3
$M_s/(N \cdot mm)$	373.74×10^3	336.26×10^3	395.16×10^3	387.41×10^3
$T_n/(N \cdot mm)$	$1\ 554.78 \times 10^3$	$1\ 233.43 \times 10^3$	$1\ 189.36 \times 10^3$	867.63×10^3
σ/MPa	73.56	64.37	98.17	88.46
f_c/mm	0.005 7	0.025 6	0.008 9	0.012 7
f_s/mm	0.078 4	0.015 8	0.009 3	0.003 6
δ/MPa	0.009 4	0.006 3	0.001 7	0.017 5
f/mm	0.000 1	0.000 2	0.000 1	0.000 1

表 3-6　第二中间轴的强度和刚度

项目	第二中间轴			
	Ⅴ挡	Ⅵ挡	Ⅶ挡	Ⅷ挡
$M_c/(N \cdot mm)$	263.98×10^3	262.23×10^3	271.83×10^3	274.46×10^3
$M_s/(N \cdot mm)$	367.26×10^3	384.67×10^3	356.92×10^3	367.36×10^3
$T_n/(N \cdot mm)$	$1\ 554.78 \times 10^3$	$1\ 233.43 \times 10^3$	$1\ 189.36 \times 10^3$	867.63×10^3
σ/MPa	95.03	69.16	74.54	93.47
f_c/mm	0.000 7	0.009 3	0.003 5	0.087
f_s/mm	0.003 8	0.007 9	0.006 8	0.018 3
δ/MPa	0.008 9	0.006 4	0.008 2	0.005 1
f/mm	0.000 2	0.000 2	0.000 2	0.000 2

表 3-7　第三中间轴的强度和刚度

项目	第三中间轴			
	Ⅸ挡	Ⅹ挡	Ⅺ挡	Ⅻ挡
$M_c/(\text{N}\cdot\text{mm})$	293.55×10^3	268.45×10^3	274.36×10^3	265.74×10^3
$M_s/(\text{N}\cdot\text{mm})$	385.45×10^3	299.45×10^3	324.73×10^3	373.64×10^3
$T_n/(\text{N}\cdot\text{mm})$	$1\,554.78\times10^3$	$1\,233.43\times10^3$	$1\,189.36\times10^3$	867.63×10^3
σ/MPa	91.86	89.12	88.37	94.41
f_c/mm	0.004 5	0.007 3	0.005 5	0.008 1
f_s/mm	0.004 5	0.010 3	0.008 3	0.007 4
δ/MPa	0.009 3	0.013 2	0.007 5	0.006 9
f/mm	0.000 2	0.000 1	0.000 1	0.000 2

3.2.8　中心距设计方法

双中间轴式 DCT 的中心距定义为中间轴与输入轴或输出轴之间的直线距离，三中间轴式拖拉机 DCT 也可以这样定义，共有 3 个中心距，但由于传动方案的特殊性，3 个中心距设计为相等。中心距不仅对自动变速器的尺寸、体积及质量有影响，对齿轮的接触强度也有影响。大中心距的形式，车辆在起步、重载爬坡等恶劣环境下行驶，能够更好地保护齿轮，减小故障的产生，保障更高的出勤率。中心距越小，齿轮的接触应力越大，齿轮寿命越短。因此，最小允许中心距应当由保证齿轮有必要的接触强度来确定。

初选双中间轴式 DCT 中心距，一般根据以下经验公式计算：

$$A = K_A \sqrt[3]{T_{\text{tqmax}} i_{\text{g1}} \eta_{\text{g}}} \tag{3-18}$$

式中：A 为变速器中心距（mm）；K_A 为中心距系数，其数值可以通过经验公式选取；T_{tqmax} 为发动机最大转矩（N·m）；i_{g1} 为变速器Ⅰ挡传动比；η_{g} 为变速器传动效率。

三中间轴式双离合器自动变速器，有 3 根中心距完全相等的中间轴，故只需计算其中任一个中心距即可。根据Ⅰ挡从动齿轮所在的第一中间轴，利用式（3-18）初步计算出中心距为 195mm。

3.2.9　齿轮参数设计方法

（1）齿轮模数确定　齿轮模数是一个非常重要的参数，其主要取决于齿轮的弯曲疲劳强度，与弯曲疲劳强度成正比关系。变速器在实际工作中可能出现几对齿轮同时啮合传力的情况，所以重叠度对弯曲强度也有影响。一般来说，当中心距一定时，模数减小，同时啮合的齿轮副就会增加，这些齿轮副共同承担载荷，强度就增加了；模数增加，齿数减少，重叠度就会减小，对弯曲强度并不一定有利。随着现代制造加工工艺的不断提高，设计的不断进步，越来越多的传动机构偏向采用较小的齿轮模数，这样可以降低齿高，增加传动的平稳性，降低噪声。几对齿轮副同时参与啮合有了保证，也会使齿轮的弯曲应力有所降低，因而拖拉机传动齿轮的模数有减小趋势。

根据经验公式，拖拉机变速器齿轮的模数可用下式估算：

$$m = K_m \sqrt[3]{T_{tqmax}} \qquad (3-19)$$

式中：T_{tqmax} 为发动机的最大转矩（N·m）；K_m 为齿轮模数系数。

在实际设计工作中，有时不进行计算，而是根据强度和中心距的要求，参照同类型同功率的拖拉机直接选取。

选取模数时，要使模数符合国家标准。同时，对于同一部件中的齿轮，应尽量采用相同的模数，以简化刀具和加工。

（2）齿轮材料确定 为了使轮齿具有高的耐磨性而又具有比较好的抗冲击能力，一般采用低碳合金钢经渗碳淬火处理。这样在轮齿的外表面形成一层脆硬层提高轮齿的耐磨能力，同时齿轮心部仍然具有良好的韧性，能够承受冲击载荷而不至于轮齿断裂。齿轮选取材料为20CrMnTi 低碳合金钢，进行渗碳淬火处理。

（3）压力角 α、齿宽 b 确定 对于齿轮的压力角来说，是可以取很多数值的，大致来说从 14.5°到 25°的都有使用。齿轮的压力角越小，传动效率越高，齿部的机械强度越差；齿轮压力角越大，传动效率越低，但齿部的机械强度越高。英制齿轮采用 14.5°压力角，公制齿轮采用 20°压力角主要是从互换性和通用性来考虑的。

齿轮的宽度对变速器的轴向尺寸、齿轮的运行平稳性和强度以及受力均匀程度都有影响。如果要减小变速器的轴向尺寸和质量，应选取较小的齿宽。但是选取过小的齿宽会使齿轮的传动平稳性降低，工作应力增大；过大的齿宽会导致变速器整体尺寸增加，轴在工作时因齿轮沿齿宽方向受力不均而发生变形。齿轮的宽度通常利用中心距或模数来求得，利用模数求齿宽的公式为

$$b = K_c \cdot m \qquad (3-20)$$

式中：K_c 为齿宽系数，变速器齿轮取 $K_c = 4 \sim 7$，最终传动齿轮 $K_c = 6 \sim 11$；m 为齿轮模数。

3.2.10 各挡位齿轮齿数分配方法

齿轮的模数等参数确定后，可根据下式求相啮合齿轮副的齿数和：

$$Z_\Sigma = Z_1 + Z_2 = \frac{2A}{m} \qquad (3-21)$$

轴间有多对齿轮副相啮合时，如果没有采取角度变位，则两轴之间各对齿轮副应满足以下关系：

$$A = \frac{1}{2}m(Z_1 + Z_2) = \frac{1}{2}m(Z_3 + Z_4) = \frac{1}{2}m(Z_5 + Z_6) = \frac{1}{2}m(Z_7 + Z_8) = \cdots$$

$$\qquad (3-22)$$

由式（3-21）和式（3-22）可知，只要确定任一个齿轮的齿数则其他齿轮的齿数均可知。在这些齿轮中，由于 I 挡传动比最大，所以一般 I 挡主动齿轮是齿数最少的齿轮，通常首先确定 I 挡主动齿轮，在结构允许的条件下，尽可能取小值，但必须保证它不根切，以保证强度不致削弱。当用齿条刀具切削时，不根切的最小齿数为

$$Z_{min} = \frac{2(f_0 - \zeta)}{\sin^2 \alpha_0} \qquad (3-23)$$

式中：f_0 为齿顶高系数；ζ 为齿轮变位系数；α_0 为刀具压力角。

在不少拖拉机上 Z_{min} 在 14～17 之间。

当传动比确定后，可由已知的传动比，结合式（3-23），确定出各个齿轮的齿数后，齿轮齿数和要选取整数，最好不要选取偶数。齿数和为偶数会增大齿轮副出现公约数机会，造成齿轮齿面的不均匀磨损。

三中间轴双离合器自动变速器的齿轮齿数确定方法与传统的双离合器自动变速有所不同，根据图 2-6 所示的结构形式，分别计算。根据中心距的计算结果，取 $A=195mm$；齿轮模数 $m=5$，则相啮合齿轮副的齿数和 $Z_\Sigma=2A/m=78$。

根据拖拉机变速器齿轮设计经验，取 I 挡主动齿轮齿数为 $Z_4=19$，则 I 挡从动齿轮 $Z_5=Z_\Sigma-Z_4=59$。

I 挡传动比 $i_1=\dfrac{Z_5}{Z_4}\cdot\dfrac{Z_{28}}{Z_3}=10.91$，$Z_\Sigma=Z_{28}+Z_3=78$，得 $Z_3=61$，$Z_{28}=17$。

II 挡传动比 $i_2=\dfrac{Z_{10}}{Z_{23}}\cdot\dfrac{Z_{28}}{Z_3}=8.62$，$Z_\Sigma=Z_{10}+Z_{23}=78$，得 $Z_{10}=55$，$Z_{23}=23$。

III 挡传动比 $i_3=\dfrac{Z_7}{Z_8}\cdot\dfrac{Z_{28}}{Z_3}=6.81$，$Z_\Sigma=Z_7+Z_8=78$，得 $Z_7=51$，$Z_8=27$。

IV 挡传动比 $i_4=\dfrac{Z_{12}}{Z_{19}}\cdot\dfrac{Z_{28}}{Z_3}=6.81$，$Z_\Sigma=Z_{12}+Z_{19}=78$，得 $Z_{12}=47$，$Z_{19}=31$。

由于 3 根中间轴除了末端动力传递齿轮不一样外，其他齿轮完全相同，计算出 I、II、III、IV 挡和第一中间轴末端齿轮齿数后，后面的挡位的齿轮也就确定了。第二中间轴和第三中间轴上的齿轮齿数分别为

$$Z_{27}=Z_{34}=Z_5=59$$
$$Z_{25}=Z_{36}=Z_7=51$$
$$Z_{22}=Z_{37}=Z_{10}=55$$
$$Z_{20}=Z_{39}=Z_{12}=47$$

第二中间轴末端传动齿轮 $Z_{29}=33$，$Z_2=45$；第三中间轴末端传动齿轮 $Z_{32}=51$，$Z_1=27$。

计算出各挡位齿轮齿数后，重新计算传动比如表 3-8 所示。可以看出，重新得出的传动比基本上与原设计相差不大，基本上呈等比数列，可以满足设计需要。

表 3-8　变速器传动比

挡位	I	II	III	IV	V	VI	VII	VIII	IX	X	XI	XII
初步设计	10.91	8.62	6.81	5.38	4.25	3.36	2.65	2.09	1.65	1.30	1.00	0.79
最终结果	11.14	8.58	6.78	5.44	4.23	3.26	2.58	2.07	1.64	1.27	1.00	0.80

3.2.11　齿轮强度校核方法与结果

3.2.11.1　齿轮强度校核方法

（1）齿根弯曲疲劳强度计算　直齿圆柱齿轮齿根弯曲疲劳强度计算是针对防止齿根疲劳弯折破坏的计算方法。所依据的是悬臂梁的应力分析。

$$\sigma_F = \frac{KF_t Y_{Fa}}{bm} = \leqslant [\sigma]_F \qquad (3-24)$$

式中：K 为载荷系数；F_t 为作用在齿轮上的圆周力（N）；Y_{Fa} 为齿形系数；b 为齿轮宽度（mm）；m 为齿轮模数。

一对传动中的大、小齿轮上所受的圆周力 F_t 是相等的，同时，模数 m 也是相等的。但齿形系数不相同，许用弯曲应力也不相等，所以要分别计算大、小两轮齿根弯曲应力 σ_{F1} 及 σ_{F2}。计算时，应分别代入各自的齿形系数及许用弯曲应力。

（2）轮齿面接触疲劳强度计算　如以齿轮圆周力作为计算参数，则为

$$\sigma_H = Z_H Z_E \sqrt{\frac{KF_t(u\pm 1)}{bd_1 u}} \qquad (3-25)$$

强度条件为

$$\sigma_H \leqslant [\sigma]_H \qquad (3-26)$$

式中：$[\sigma]_H$ 为传动的许用接触应力（MPa）。

传动中，大小两轮齿面上的接触应力是相同的，而两轮的材料总是大轮的材料差，所以大轮材料的许用接触应力一般是比较低的，故 $[\sigma]_H$ 按大齿轮材料用下式计算：

$$[\sigma]_H = K_{HN}\sigma_{Hlim}/S_H \qquad (3-27)$$

式中：σ_{Hlim} 为大轮的接触疲劳极限值，其值由齿轮试件在齿轮接触疲劳试验机上进行试验来决定；S_H 为接触疲劳计算用的安全系数，其值见表 3-9；K_{HN} 为接触疲劳计算时的寿命系数，$K_{HN} = \sqrt[6]{N_0/N}$，$N = 60nt_h$；t_h 为齿轮在规定寿命内的工作小时；N_0 为应力循环基数，可取 $N_0 = 30(HBS)^{2.4}$；当 $N > N_0$ 时，取 $N = N_0$。

表 3-9　安全系数选取表

安全系数	软齿面（HBS≤350）	硬齿面（HRC>38）	重要传动，渗碳淬火或铸造齿轮
S_H	1.0～1.1	1.1～1.2	1.3
S_F	1.3～1.4	1.4～1.6	1.6～2.2

3.2.11.2　齿轮强度校核结果

直齿圆柱齿轮的强度计算方法是其他各类齿轮传动的计算方法的基础。其他类型的齿轮传动，如斜齿圆柱齿轮、圆锥齿轮及蜗杆轮的强度计算，都可以折合成当量直齿圆柱齿轮来进行。本设计中的齿轮采用低碳合金钢制作，齿轮精度不低于 8 级，可以用简化的公式来计算齿轮的强度。

（1）齿根弯曲疲劳强度计算　当计算载荷取作用到变速器上的最大转矩时 $T_{tqmax} \approx 512.23 \times 10^3 \text{N} \cdot \text{mm}$，各齿轮许用应力 $[\sigma]_F$ 的取值范围在 170～360MPa 内。由于 3 根中间轴上的齿轮相同，所以取第一中间轴齿轮分析计算，末端传动齿轮另行计算。齿形系数按照所求的齿轮的当量齿数和齿形系数表取值，各挡齿轮弯曲应力计算结果如表 3-10 所示。

（2）轮齿面接触疲劳强度计算　齿轮轴系工作时，相啮合的一对齿轮上，接触面的接触

应力是相同的，由于大齿轮上的材料较小齿轮的差，所以大齿轮材料的许用接触应力一般是比较低的，按照大齿轮材料计算得出的各齿轮许用接触应力范围在 213～539MPa 内。选用不同的安全系数，得出的各挡齿轮接触应力计算结果如表 3-11 所示。

表 3-10 齿轮弯曲应力

齿轮	Z_4	Z_8	Z_{23}	Z_{19}	Z_1	Z_2	Z_9
σ_F	324.32	318.34	292.71	305.04	318.51	260.89	187.37
齿轮	Z_3	Z_{28}	Z_{29}	Z_{32}	Z_{12}	Z_7	Z_5
σ_F	354.14	136.73	288.74	203.53	241.69	203.33	152.92

表 3-11 齿轮接触应力

齿轮	Z_4	Z_8	Z_{23}	Z_{19}	Z_1	Z_2	Z_9
σ_F	424.51	354.46	323.18	332.03	347.92	278.69	215.64
齿轮	Z_3	Z_{28}	Z_{29}	Z_{32}	Z_{12}	Z_7	Z_5
σ_F	399.73	189.25	311.47	226.38	272.95	243.17	183.57

3.3 拖拉机双离合器自动变速器换挡过程

拖拉机传动系由发动机、离合器、变速器和中央传动等部件组成。DCT 中离合器归入变速器，分析时，离合器与变速器仍分开分析。拖拉机动力学是研究拖拉机换挡特性的基础，为拖拉机换挡控制系统设计提供理论依据。

3.3.1 发动机传递转矩特性

拖拉机经发动机产生动力传递至驱动轮进行运输和作业。发动机速度特性是指在油门拉杆位置不变的情况下，发动机的输出转矩 T_e、燃油消耗率 g_e 和输出功率 P_e 随发动机转速 n_e 的变化关系。发动机的速度特性具有高度的非线性，很难用理论表达式表示出来。

当负荷减小时，发动机转速升高，拉杆循环供油量也随之增加，导致转速进一步升高，直至飞车；反之，当负荷增大时，发动机转速降低，循环供油量降低，导致转速进一步降低，最后熄火。因此，柴油发动机速度特性不能满足从动机械的要求，须装配调速器。调速特性是指在调速手柄位置固变不定的情况下，发动机的输出转矩 T_e、燃油消耗率 g_e 和输出功率 P_e 随发动机转速 n_e 变化的关系，调速特性曲线由外特性曲线和调速曲线组成。

发动机运行状态数据通过发动机台架试验测得，发动机仿真模型的建立以台架试验数据为基础。在拖拉机的起步和换挡控制过程中，应用到的主要是发动机输出转矩随转速的变化关系。表 3-12 给出了台架试验中测得的发动机输出转矩随转速 n_e 和油门拉杆位置 α 变化的稳态试验数据。

表 3 - 12　拖拉机发动机输出转矩—转速特性试验数据

α /mm \ T_{e0}/(N·m) \ n_e/(r/min)	800	1 000	1 200	1 400	1 600	1 800	2 000	2 200
0.1	99	199	204	206	200	174	121	87
0.3	219	284	297	307	303	251	217	203
0.5	299	386	403	411	390	367	311	293
0.7	400	474	499	500	469	450	401	387
0.9	471	499	589	550	524	500	444	401
0.95	547	601	671	749	721	640	588	510
1	582	617	750	792	741	673	607	550

研究表明，发动机输出转矩与转速及油门拉杆位置呈现一定的函数关系，其关系式可表示为

$$T_{e0} = f(\alpha, n_e) \qquad (3-28)$$

式中：T_{e0} 为发动机稳态输出转矩；α 为油门拉杆位置。

为了模型简化和研究方便，把同一油门拉杆位置下离散的转速与转矩试验数据利用拟合方法转换成连续的曲线，对不同油门拉杆位置对应下的离散曲线进行插值，得到覆盖所有油门拉杆位置和转速下对应的发动机输出转矩值。这里采用最小二乘法把发动机稳态输出转矩拟合成关于转速和油门拉杆位置的三次函数，其表达式为

$$\overline{T}_{e0} = a_1 n_e^3 + a_2 n_e^2 \alpha + a_3 n_e \alpha^2 + a_4 \alpha^3 + a_5 n_e^2 + a_6 n_e + a_7 \alpha^2 + a_8 \alpha + a_9 + a_{10} n_e \alpha$$

$$(3-29)$$

式中：a_1、a_2、a_3、a_4、a_5、a_6、a_7、a_8、a_9、a_{10} 为拟合系数。

不同的发动机试验数据得出的拟合系数不同，图 3 - 7 为发动机稳态输出转矩随油门拉杆位置和转速变化关系。

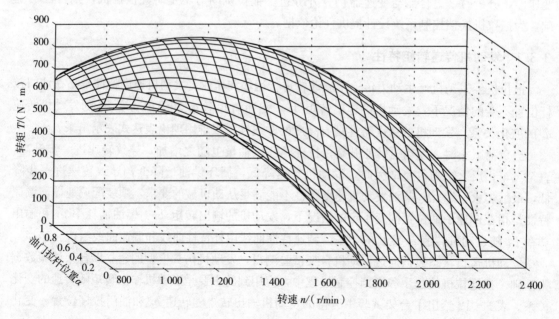

图 3 - 7　发动机稳态输出转矩图

当油门拉杆位置不变时，发动机稳态转矩是发动机转速的函数，可表示为

$$T_{e0} = f(n_e) \tag{3-30}$$

为了研究方便，得到一定油门拉杆位置下发动机输出转矩随转速的拟合关系式：

$$\overline{T_{e0}} = b_1 n_e^3 + b_2 n_e^2 + b_3 n_e + b_4 \tag{3-31}$$

式中：b_1、b_2、b_3、b_4 为拟合系数。

不同油门拉杆位置下同一转速之间的稳态转矩输出值可通过差值求得。

油门拉杆位置是影响离合器换挡过程的重要因素，后文设置仿真工况时，取油门拉杆位置为 $\alpha = 0.8$。图 3-8 为该油门拉杆位置下不同转速在调速特性曲线下对应的转矩值。

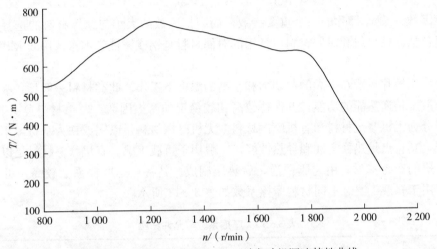

图 3-8　油门拉杆位置 $\alpha = 0.8$ 时发动机调速特性曲线

表 3-12 中的试验数据是在稳态条件下试验测得的，但在车辆运行过程中，发动机处于非稳定工作状态的时间达 $66\% \sim 80\%$，对于作业工况复杂多变的拖拉机来说，非稳定工作状态下的时间所占比率更大。发动机动态输出转矩和稳态输出转矩存在差别。发动机转速升高时，混合气体浓度变小，发动机动态转矩低于稳态转矩；发动机转速降低时，混合气体浓度增大，发动机动态转矩高于稳态转矩。因此，发动机仿真模型须对发动机稳态输出进行修正。研究表明，发动机曲轴角加速度与发动机转矩下降量近似呈线性关系，且转矩下降量在发动机最大转矩的 $4\% \sim 5\%$ 之内。修正后发动机动态输出转矩表示为

$$T_e = T_{e0} - \gamma \times \frac{d\omega_e}{dt} = T_{e0} - 0.104\,7\gamma \times \frac{dn_e}{dt} \tag{3-32}$$

式中：γ 为拖拉机发动机转矩下降系数。

3.3.2　离合器传递转矩

DCT 换挡过程中两离合器进行切换，离合器切换的同时传递转矩也同步切换，离合器有分离、滑摩和接合 3 种状态，不同状态下对应的离合器传递转矩不同。当离合器完全分离时，摩擦片不接触，无转矩传递；当离合器完全接合时，其传递转矩根据发动机状态、从动部分加速度和各部分质量及转动惯量列出动力学方程求得；当离合器处于滑摩状态时，其传递转矩为

$$T_e = \frac{2}{3} \text{sgn}(\omega_e - \omega_c) \mu_c S p z \frac{R^3 - r^3}{R^2 - r^2} \qquad (3-33)$$

式中：μ_c 为摩擦片动摩擦因数；S 为摩擦片接触面积；p 为正压力；z 为摩擦片数；R 为外半径；r 为内半径；sgn 为符号函数；ω_e 为发动机输出轴角速度；ω_c 为离合器从动盘角速度。

符号函数 sgn 满足式（3-34）至式（3-36）。

$$\text{sgn}(\omega_e - \omega_c) = 1, \quad \omega_e - \omega_c > 0 \qquad (3-34)$$

$$\text{sgn}(\omega_e - \omega_c) = 0, \quad \omega_e - \omega_c = 0 \qquad (3-35)$$

$$\text{sgn}(\omega_e - \omega_c) = -1, \quad \omega_e - \omega_c < 0 \qquad (3-36)$$

摩擦因数 μ_c 是摩擦片的一个重要参数，而摩擦因数的大小与摩擦材料的选择有关。摩擦副材料包括摩擦材料和对偶材料，常用的对偶材料是钢或铸铁，本章选用 65Mn 钢为对偶材料。

离合器摩擦片一般在很大的剪切力和很高的温度下工作。此类材料一般具备吸收动能和热能以及散发传递热能的功能，并保持较高和较稳定的摩擦因数。摩擦材料分类有很多种，按材质可分为无机摩擦材料和有机摩擦材料。无机摩擦材料是以铜或铁为基材，用粉末冶金方法制成，其特点是热稳定性和导热性好，一般用于重载工况。有机摩擦材料是以石棉和黄铜丝线织成的布为基材，用树脂浸泡，后热压制成。其特点是摩擦系数较高，可压缩性较大，主要用于轻载工况。不同材料摩擦系数如表 3-13 所示。

表 3-13　摩擦系数与允许比压

摩擦副材料	静摩擦因数	动摩擦因数	允许比压/(m²/MN)
纸质	0.13～0.16	0.11	2
石墨-树脂		0.10	3
铜基粉末冶金	0.1～0.2	0.06～0.08	4

设计时，选对偶材料为 65Mn 钢，摩擦材料选择铜基烧结粉末冶金，动摩擦因数设置为 0.08，静摩擦因数设置为 0.15。

3.3.3　换挡过程动力学

DCT 换挡是通过两个离合器的切换而完成的，两个离合器切换过程的控制是双离合器自动变速器需要解决的难题，切换过程中离合器接合量和接合速度的控制及切换时刻的确定是双离合器研究的重点。若两个离合器重叠量过大，会造成挂双挡现象，影响驾驶员的操作舒适性和整个变速器的使用寿命；若两个离合器重叠量过小，会造成换挡时动力传递不足甚至中断，这样就失去了双离合器的优势。若离合器接合过快，会造成冲击度增大，降低变速器的使用寿命和加大驾驶员疲劳度；若离合器接合过慢，会造成较长时间的滑摩，滑摩功增加甚至烧毁摩擦片。因此，DCT 换挡过程精确而合理的控制是研发过程中的关键问题。

拖拉机 DCT 换挡过程与汽车 DCT 换挡过程相似，参考汽车 DCT 换挡过程，结合拖拉机特殊的作业工况，以Ⅰ挡升Ⅱ挡为例，对拖拉机换挡过程中各个阶段的动力传递路线和动力学方程具体分析。

由于拖拉机工况复杂，换挡过程中影响因素较多并且作业环境很难预测，因此，为了研究方便，对拖拉机这一复杂连续的多质量、多自由度系统做如下简化：

①假设拖拉机传动系统是由无惯性的弹性环节和无弹性的惯性环节构成。

②忽略由同步器移动和离合器接合分离引起的轴的横向移动。

③忽略齿轮啮合弹性和轴承与轴承座的弹性。

简化后拖拉机可视为一个离散系统，拖拉机 DCT 传动简图如图 3-9 所示。

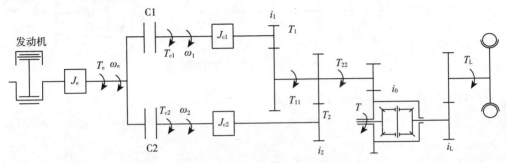

图 3-9　拖拉机 DCT 传动简图

图 3-9 中，T_e 为发动机输出转矩，ω_e 为发动机输出角速度，J_e 为发动机从动部分转动惯量；T_{c1} 为奇数挡离合器 C1 传递转矩，ω_1 为离合器 C1 角速度，J_{c1} 为离合器 C1 及其从动部分转动惯量；T_{c2} 为偶数挡离合器 C2 传递转矩，ω_2 为离合器 C2 角速度，J_{c2} 为离合器 C2 及其从动部分转动惯量；T_1 为 I 挡从动齿轮对主动齿轮的作用转矩，T_{11} 为 I 挡主动齿轮对从动齿轮的作用转矩；T_2 为 II 挡从动齿轮对主动齿轮的作用转矩，T_{22} 为 II 挡主动齿轮对从动齿轮的作用转矩；T 为变速器输出转矩；i_1 为 I 挡传动比，i_2 为 II 挡传动比，i_0 为主减速器传动比，i_L 为轮边减速器传动比。离合器 C1 或离合器 C2 主从动摩擦片之间传递的转矩是一对作用与反作用力矩，大小相等、方向相反，文中为了简化均用 T_{c1} 或 T_{c2} 表示。

DCT 换挡过程十分复杂，根据离合器 C1、离合器 C2 分离或接合状态，将 DCT 换挡过程分为 5 个阶段：

①离合器 C1 接合，离合器 C2 分离阶段。

②离合器 C1 接合，离合器 C2 滑摩阶段。

③离合器 C1 滑摩，离合器 C2 滑摩阶段。

④离合器 C1 滑摩，离合器 C2 接合阶段。

⑤离合器 C1 分离，离合器 C2 接合阶段。

从 5 个阶段的动力传动路线和系统动力学分析两方面内容具体阐述双离合器分离和接合过程。

3.3.3.1　第一阶段（C1 接合，C2 分离阶段）

离合器 C1 完全接合，相当于发动机输出轴与变速器输入轴通过离合器 C1 固接，若此时同步器与 II 挡从动齿轮啮合，则离合器 C2 连同偶数挡输入轴和偶数挡主动齿轮一起空转，若此时拖拉机处于加速状态，则离合器 C2 及偶数挡输入轴消耗转矩，动力传动路线如

图 3 - 10 所示。

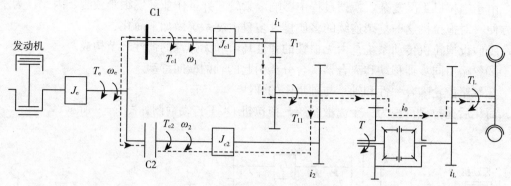

图 3 - 10 第一阶段动力传动路线

发动机与离合器 C1 部分动力学方程为

$$\omega_1 = \omega_e \tag{3-37}$$

$$T_e - T_{c1} = J_e \dot{\omega}_e \tag{3-38}$$

$$T_{c1} - T_1 = J_{c1} \dot{\omega}_1 \tag{3-39}$$

离合器 C2 部分动力学方程为

$$\omega_{c2} = \frac{i_1}{i_2} \omega_{c1} \tag{3-40}$$

$$T_2 = J_{c2} \dot{\omega}_2 \tag{3-41}$$

若将变速器从动部分转动惯量、轮胎部分转动惯量等与整车质量一起考虑，即通过式（3-45）换算，则变速器输出转矩为

$$T_{11} = i_1 T_1 \tag{3-42}$$

$$T_{22} = i_2 T_2 \tag{3-43}$$

$$T = i_0 i_L (T_{11} - T_{22}) \tag{3-44}$$

$$\delta = 1 + \frac{1}{M} \frac{\sum J_i}{r_i^2} \tag{3-45}$$

式中：M 为整机质量；J_i 为第 i 个旋转体的转动惯量；r_i 为第 i 个旋转体的等效半径。

3.3.3.2 第二阶段（C1 接合，C2 滑摩阶段）

离合器 C1 仍与发动机固接，离合器 C2 滑摩并传递转矩，此阶段可细分为 3 个时期。

（1）第二阶段前期 离合器 C2 传递的转矩 T_{c2} 与 T_2 方向相反，离合器 C2 及其从动部分可视为负载，若规定第一阶段 T_2 为正，则此时 T_{c2} 为负，此阶段与第一阶段动力学方程基本相同，动力传递路线与第一阶段相同，此阶段 T_2 逐渐减小，其动力学模型如下。

发动机与离合器 C1 部分动力学方程与式（3-37）、式（3-39）相同，式（3-38）变为

$$T_e - T_{c1} - T_{c2} = J_e \dot{\omega}_e \tag{3-46}$$

离合器 C2 部分动力学方程为

$$T_2 + T_{c2} = J_{c2} \dot{\omega}_2 \tag{3-47}$$

（2）第二阶段中期　随着 T_2 的逐渐减小，T_{c2} 的逐渐增大，T_2 减小为零直至负值，实现转矩突变。此时，离合器 C1 仍与发动机固接，离合器 C2 仍处于滑摩阶段传递路线，如图 3-11 所示。

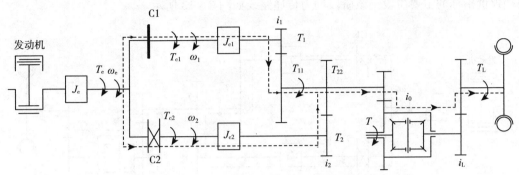

图 3-11　第二阶段中期动力传动路线

此时，发动机与离合器 C1 部分动力学方程与式（3-37）、式（3-39）、式（3-46）相同。离合器 C2 部分动力学方程为

$$T_{c2}-T_2=J_{c2}\dot\omega_2 \tag{3-48}$$

变速器输出转矩为

$$T=i_0 i_L(T_{11}+T_{22}) \tag{3-49}$$

（3）第二阶段后期　T_2 反向逐渐增大，T_{c2} 逐渐增大，T_{c1} 逐渐减小，T_1 逐渐减小至负值，实现转矩突变，此时，离合器 C1 及其从动部分可视为负载，动力传动路线如图 3-12 所示。

此时，发动机与离合器 C1 部分动力学方程与式（3-37）、式（3-36）相同，式（3-39）则变换为式（3-50）。

$$T_{c1}+T_1=J_{c1}\dot\omega_1 \tag{3-50}$$

离合器 C2 及其从动部分动力学方程与式（3-48）相同，变速器输出转矩表达式为

$$T=i_0 i_L(T_{22}-T_{11}) \tag{3-51}$$

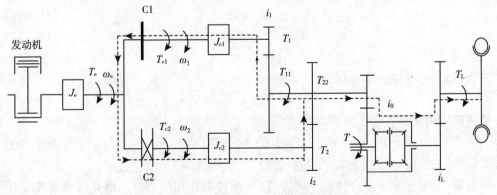

图 3-12　第二阶段后期动力传动路线

69

3.3.3.3 第三阶段（C1 滑摩，C2 滑摩阶段）

离合器 C1、离合器 C2 均滑摩，发动机的转速 n_e 与离合器 C1 转速 n_1、离合器 C2 转速 n_2 均不相等，此时需要对发动机转速控制，此阶段产生的滑摩功最大，是影响拖拉机 DCT 换挡评价指标的主要阶段。该阶段动力传递路线如图 3-13 所示。

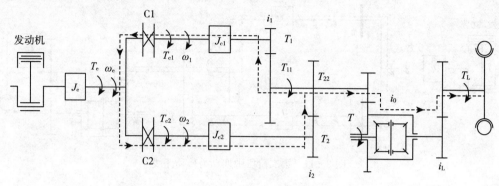

图 3-13 第三阶段动力传动路线

发动机部分动力学方程为

$$T_e + T_{c1} - T_{c2} = J_e \dot{\omega}_e \qquad (3-52)$$

离合器 C1 部分动力学方程为

$$T_1 - T_{c1} = J_{c1} \dot{\omega}_1 \qquad (3-53)$$

离合器 C2 部分动力学方程为

$$T_{c2} - T_2 = J_{c2} \dot{\omega}_2 \qquad (3-54)$$

变速器输出转矩为

$$T = i_0 i_L (T_{22} - T_{11}) \qquad (3-55)$$

3.3.3.4 第四阶段（C1 滑摩，C2 接合阶段）

作用在离合器 C1 上的压力继续减小，离合器 C1 保持滑摩状态，作用在离合器 C2 上的压力继续增大，离合器 C2 完全接合。此阶段动力传动路线与图 3-13 相似。此阶段发动机及离合器 C2 部分动力学方程为

$$\omega_2 = \omega_e \qquad (3-56)$$

$$T_e - T_{c1} - T_{c2} = J_e \dot{\omega}_e \qquad (3-57)$$

$$T_{c2} - T_2 = J_{c2} \dot{\omega}_2 \qquad (3-58)$$

离合器 C1 部分动力学方程为

$$T_1 - T_{c1} = J_{c1} \dot{\omega}_1 \qquad (3-59)$$

变速器输出转矩表达式为

$$T = i_0 i_L (T_{22} - T_{11}) \qquad (3-60)$$

3.3.3.5 第五阶段（C1 分离，C2 接合阶段）

离合器 C2 处于完全接合状态，离合器 C1 上没有作用压力（忽略克服弹簧恢复压力），处于完彻底分离状态，发动机转矩由离合器 C2 传递给输出轴，离合器 C1 完全由输出轴带动运动。

发动机和离合器主动部分、离合器 C2 从动部分为一个整体，变速器转矩输出与式（3 - 61）相同，发动机、离合器 C1 和离合器 C2 部分动力学方程为

$$T_e - T_{c2} = J_e \dot{\omega}_e \qquad (3 - 61)$$

$$T_{c2} - T_2 = J_{c2} \dot{\omega}_2 \qquad (3 - 62)$$

$$T_1 = J_{c1} \dot{\omega}_1 \qquad (3 - 63)$$

在 DCT 换挡过程的各个阶段，离合器 C1 转速 n_1 和离合器 C2 转速 n_2 始终呈比例关系，发动机转速 n_e 在第一、第二阶段与 n_1 相等，在第四、第五阶段与 n_2 相等，在第三阶段，离合器 C1、离合器 C2 均处于滑摩阶段，n_e 介于 n_1 与 n_2 之间。换挡时应控制 n_e，使其在较小范围内波动。n_1、n_2 和 n_e 在各个阶段的关系如图 3 - 14 所示。

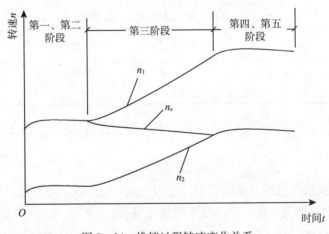

图 3 - 14 换挡过程转速变化关系

3.3.4 机组动力学特性

拖拉机机组动力学是指拖拉机和农机具在驱动力和外界阻力合力作用下整机的运动情况，研究拖拉机机组动力学是制定拖拉机 DCT 控制策略的关键。

拖拉机在工作过程中，所受的阻力比较复杂，主要包括牵引阻力 F_T、滚动阻力 F_f、坡道阻力 F_i、加速阻力 F_j、空气阻力 F_w 等。拖拉机驱动力 F 由发动机转矩提供，转矩经传动系传至驱动轮，拖拉机在行驶时满足驱动力与阻力合力相等，即

$$F = F_T + F_f + F_i + F_w + F_j \qquad (3 - 64)$$

（1）牵引阻力 牵引阻力也称挂钩牵引力，是拖拉机在工作时土壤作用于农机具上的力，用 F_T 表示，它的大小和方向取决于农机具的类型、宽幅、土壤性质、耕作深度以及农机具与拖拉机的连接方式。由于农机具种类繁多，与拖拉机的连接方式不完全相同，机组的工作条件也频繁变化，土壤与地面接触呈现非线性，所以各种工况下的拖拉机机组动力学模型很难精确建立。本章以拖拉机牵引铧式犁耕作业为主要研究工况，分析拖拉机机组受力。

不同型号和用途的拖拉机在进行犁耕作业过程中所牵引的铧式犁也不同。一般情况下，可通过式（3 - 65）对犁耕机组犁铧个数进行配套估算：

$$z_0 = \frac{\zeta \cdot F_t}{K \cdot h_0 \cdot b} \qquad (3 - 65)$$

式中：z_0 为犁铧个数；ζ 为牵引力利用系数，取 $0.8 \sim 0.9$；F_t 为拖拉机最大牵引力；K 为土壤犁耕比阻，中等土壤条件下取 $5 \sim 7\text{N/cm}^2$；h_0 为机组耕深，中耕时取 30cm；b 为单个犁铧宽度。计算出 z_0 值并取整，得到与拖拉机配套的犁铧个数为 5。以牵引铧式犁进行犁耕作业为工况，对拖拉机机组动力学进行分析。牵引阻力可表示为

$$F_T = b \cdot z_0 \cdot F_{a0}[1 + \varepsilon(v - v_0)] \tag{3-66}$$

式中：F_{a0} 在标准速度 $v_0 = 5\text{km/h}$ 时农机具的单位阻力；ε 为速度增加时的牵引阻力增长系数，若设 ε_1 为当速度单位为 m/s 时速度增加时的牵引阻力增长系数，ε_2 为当速度单位为 km/h 时速度增加时的牵引阻力增长系数，则不同速度下 ε_1、ε_2 取值如表 3-14 所示。

表 3-14 不同速度下 ε_1、ε_2 取值

作业	耕地	中耕	耙地	播种
ε_1	0.004	$0.003 \sim 0.005$	$0.002 \sim 0.003$	$0.001 \sim 0.002$
ε_2	0.03	0.04	0.02	0.02

（2）**坡道阻力** 拖拉机坡度阻力是指拖拉机在田埂或者坑洼路面上行驶时，拖拉机重力沿坡度方向的分力：

$$F_i = G \cdot \sin \varphi \approx G \cdot i \tag{3-67}$$

式中：G 为拖拉机与机组整体所受到的重力；φ 为拖拉机田间作业过程中经过田埂或者坑洼的坡度角；i 表示坡度，在田间作业平均坡度很小，一般为 $0.5\% \sim 2\%$，因此 $\cos \varphi \approx 1$，$\sin \varphi \approx i$。

（3）**空气阻力** 拖拉机空气阻力是拖拉机在较高速度行驶过程中与空气之间的摩擦和挤压产生的力，一般情况下空气阻力可以忽略，但当拖拉机速度大于 18km/h 时，空气阻力较大，不可忽略。拖拉机空气阻力表达式为

$$F_w = 0.7 \cdot B \cdot H \cdot v^2 \tag{3-68}$$

式中：B 为拖拉机驱动轮轮距；H 为外廓高度；v 为拖拉机行驶速度。

（4）**滚动阻力** 轮式拖拉机滚动阻力 F_f 为从动轮滚动阻力与驱动轮滚动阻力之和，从动轮滚动阻力与驱动轮滚动阻力均由轮胎和土壤变形引起，但其受力状态有所不同，主、从动轮与土壤接触是一个面，称为支承面。产生滚动阻力的主要原因为：

①车轮在土壤上滚动时，土壤在垂直方向被压实形成轮辙，而在被松土或泥浆覆盖的硬地面上滚动时又会出现推土现象。形成轮辙和推开土壤都是消耗功的过程。

②轮胎的弹性轮缘部分在滚动时发生变形，在变形时内摩擦将消耗一部分功，并转变成热能。

③车轮在土壤上滚动时，与土壤间有摩擦；轮胎变形部分离开支承面时，它们之间有黏附作用，这些都会消耗一部分功。

轮胎滚动阻力可表示为

$$F_f = G \cdot f \cdot \cos \varphi \tag{3-69}$$

式中：f 为拖拉机的滚动阻力系数，不同路面滚动阻力系数的取值如表 3-15 所示。

路面情况	滚动阻力系数	附着系数
沥青路	0.02～0.03	0.7～0.8
干土路	0.03～0.04	0.6～0.8
生荒地	0.05～0.07	0.7～0.9
休闲耕地	0.06～0.08	0.6～0.8
草地	0.06～0.08	0.6～0.8
留茬地	0.08～0.10	0.6～0.8
已耕地	0.12～0.18	0.5～0.7
播种前土地	0.16～0.18	0.4～0.6
滚压雪路	0.03～0.04	0.3～0.4
沼泥地	0.20～0.25	0.1～0.2

（5）**加速阻力**　拖拉机加速阻力是指在运行作业过程中，拖拉机克服包括平移质量和旋转质量加速运动时的惯性力，加速阻力表达式为

$$F_j = (\delta \cdot m + m_1) \frac{\mathrm{d}v}{\mathrm{d}t} \tag{3-70}$$

式中：δ 为拖拉机旋转质量换算系数；m 为拖拉机整车质量；m_1 为拖拉机配套机组质量。

（6）**驱动力**　拖拉机驱动力由发动机输出转矩通过变速器、减速器和轮边减速器增扭后传递到驱动轮，其表达式为

$$F = \frac{T_e \cdot i_g \cdot i_0 \cdot i_L \cdot \eta}{r_q} \tag{3-71}$$

式中：i_g 为变速器当前挡位传动比；i_0 为主减速器传动比；i_L 为轮边减速器传动比；η 为机械传动系效率；r_q 为驱动轮滚动半径。

3.3.5　拖拉机双离合器自动变速器换挡性能评价指标

拖拉机作业过程中，会根据驾驶员给定的油门调速拉杆位置、离合器踏板位置和挡位而运行，当田间作业工况变化时，拖拉机会加速或减速，为了提高拖拉机适应田间工作的能力，拖拉机 DCT 的自动换挡功能显得尤为重要。

对于装配有手动机械式变速器的拖拉机，熟练的驾驶员依据驾驶经验来判断换挡时机，换挡时，驾驶员通过操作离合器踏板、油门踏板和换挡操纵杆来完成整个换挡过程；而对于装配有 DCT 的拖拉机，换挡过程 TCU 根据拖拉机的运行状态和离合器踏板、油门踏板等给出的信号判断驾驶员的意图，做出决策，自动完成换挡过程。DCT 换挡时，TCU 判断某一时刻拖拉机的运行状态是否达到换挡条件，若达到换挡条件，则通过控制奇数挡离合器与偶数挡离合器的切换过程改变动力的传递路线，进而改变传动比，完成整个换挡过程。

在拖拉机 DCT 的换挡过程中，换挡时动力不中断，换挡过程平稳，滑摩产生的热量由两个离合器分担，换挡时拖拉机的动力性和经济性都优于手动机械式变速器。

换挡品质表征在保证动力性及传动系寿命的条件下，变速器能够迅速而平稳换挡，并在换挡时满足驾驶员操作舒适性的能力。换挡时，满足动力性主要指换挡过程中动力中断时间尽可能短甚至不中断；满足传动系寿命条件主要指离合器摩擦片产生的热量尽可能小，以免烧毁摩擦片；满足舒适性条件主要指换挡过程中冲击度尽可能小，无发动机异常噪声等。DCT 换挡时仍采用换挡时间、冲击度和滑摩功作为换挡品质的评价指标。

（1）换挡时间　换挡时间能够反映换挡品质的综合性能，好的换挡品质指在平顺换挡的条件下换挡时间尽可能短。拖拉机 DCT 的换挡时间是指当 TCU 检测到换挡需求时，发出换挡指令并对换挡过程控制，经过双离合器切换，最后至高挡离合器主、从动盘转速差为零，低挡离合器彻底分离的整个过程所经历的时间。在 DCT 换挡过程中，离合器传递的动力不中断，因此相对于 AMT 和 MT，DCT 换挡时间对换挡品质的影响较小。

（2）滑摩功　滑摩功是指换挡过程中离合器主、从动摩擦片转速不等产生相对滑动，滑动过程中摩擦力做的功。滑摩功是评价离合器使用寿命的重要指标，离合器产生的滑摩功越大，摩擦片温升越高，摩擦片易烧结，并会导致摩擦因数降低，传递转矩减小。换挡过程中的滑摩功表示为

$$W_1 = \int_{t_3}^{t_5} T_{c1}(t) \, |\omega_e(t) - \omega_1(t)| \, \mathrm{d}t \tag{3-72}$$

$$W_2 = \int_{t_2}^{t_4} T_{c2}(t) \, |\omega_e(t) - \omega_2(t)| \, \mathrm{d}t \tag{3-73}$$

式中：W_1 表示离合器 C1 换挡过程中产生的滑摩功；W_2 表示离合器 C2 换挡过程中产生的滑摩功；t_3 表示第三阶段开始时刻；t_5 表示第五阶段开始时刻；t_2 表示第二阶段开始时刻；t_4 表示第四阶段开始时刻。

拖拉机的换挡过程要尽量降低离合器的滑摩功，以延长其使用寿命。由公式（3-72）、式（3-73）可知，离合器滑摩所用的时间越短，滑摩功越小，但换挡冲击度会增大，一般要求在冲击度许可的范围内控制离合器以最快速度切换；离合器主从动片间的相对转速越小滑摩功越小，离合器主动部分与发动机固接，因此换挡时对发动机转速进行控制可减小滑摩功。

（3）冲击度　在拖拉机换挡过程，以冲击度来评价拖拉机运行的平稳程度。冲击度是指拖拉机纵向加速度随时间的变化率，驾驶员驾驶舒适性和拖拉机作业过程中的动载荷受冲击度影响。选择冲击度作为评价指标，能充分反映人体在换挡过程中的感觉，并可以把因道路不平度引起的颠簸加速度排除在外，从而可以较真实地反映换挡品质。其表达式为

$$j = \frac{\mathrm{d}a}{\mathrm{d}t} = \frac{\mathrm{d}^2 v}{\mathrm{d}t^2} = \frac{i_g i_0 i_L \eta_c}{(\delta \cdot m + m_1) r_q} \frac{\mathrm{d}T_c}{\mathrm{d}t} - \frac{b \cdot z_0 \cdot F_{a0} \cdot \varepsilon}{\delta \cdot m + m_1} \tag{3-74}$$

式中：a 为加速度；η_c 为传动系效率；r_q 为滚动半径。

离合器传递转矩与作用于离合器摩擦片上的压力和发动机转矩有关，对压力和发动机转速的实时控制可以有效减小冲击度。农机具负载的突然增大对冲击度的影响很大。冲击度和滑摩功是换挡过程中两个不可调和的评价指标，换挡时间减小，滑摩功减小，必然会引起冲击度的增大；换挡时间增大，冲击度减小，但滑摩功增加。换挡时，控制冲击度在许可范围内以最快速度切换离合器，以达到减小滑摩功的目的。

3.4 拖拉机双离合器自动变速器动力传递分析

DCT 是通过两组离合器的切换完成换挡的，两组离合器切换过程的控制是 DCT 需要解决的难点。对切换过程中两组离合器的叠加量和接合速度的控制是 DCT 研究的关键之处。在切换过程中，两组离合器存在恰当的叠加，若两组离合器叠加过多会使冲击度变大，滑摩功增加，加重离合器磨损等现象，影响换挡平顺性和离合器的使用寿命；若两组离合器叠加不足会导致变速器输出转矩过低甚至动力中断，还会造成转矩传递系数过低，产生较大动载荷，影响拖拉机的动力性和传动系统的耐久性。若离合器接合速度过快，会造成冲击度增大，影响换挡平顺性；若离合器接合速度过慢，会增长滑摩时间，滑摩功增加，影响离合器的使用寿命。因此，DCT 研发过程中的核心问题是对换挡过程进行精确的控制。

结合拖拉机特殊的结构与作业工况，再参考汽车 DCT 换挡过程，以Ⅲ挡换Ⅳ挡为例，对换挡过程中各个阶段的转矩传递路线和动力学方程进行具体分析。

拖拉机田间作业工况复杂，换挡过程中影响因素较多，建模时需做如下简化：

①假设拖拉机传动系统是由无惯性的弹性环节和无弹性的惯性环节构成。

②忽略轴的振动。

③忽略齿轮啮合弹性和轴承与轴承座的弹性。

④忽略系统里的阻尼与间隙。

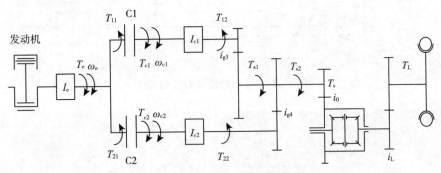

图 3-15　拖拉机 DCT 传动简图

图 3-15 中，T_e 为发动机输出转矩；T_{11}、T_{21} 为离合器 C1、C2 从动部分对发动机和两离合器的主动部分的反作用转矩；T_{c1}、T_{c2} 为离合器 C1、C2 主动部分对从动部分的作用转矩；T_{12} 为Ⅲ挡从动齿轮对主动齿轮的作用转矩；T_{22} 为Ⅳ挡从动齿轮对主动齿轮的作用转矩；T_{s1}、T_{s2} 分别为Ⅲ、Ⅳ挡输出轴输出转矩；T_s 为变速器输出转矩；ω_e 为发动机角速度；ω_{c1}、ω_{c2} 为离合器 C1、C2 角速度；I_e 为发动机及离合器的主动部分转动惯量；I_{c1} 为离合器 C1 从动部分（包括变速器所在输入轴及其上齿轮）转动惯量；I_{c2} 为离合器 C2 从动部分（包括变速器输入轴及其上齿轮）转动惯量；i_{g3} 为Ⅲ挡传动比；i_{g4} 为Ⅳ挡传动比；i_L 为轮边减速器传动比；i_0 为主减速器传动比。

以Ⅲ挡升Ⅳ挡为例进行换挡过程研究。拖拉机 DCT 换挡过程十分复杂，根据离合器 C1、离合器 C2 分离或接合状态，将 DCT 换挡过程分为 5 个阶段：

①离合器 C1 接合，离合器 C2 分离阶段。

②离合器 C1 接合，离合器 C2 滑摩阶段。

③离合器 C1 滑摩，离合器 C2 滑摩阶段。

④离合器 C1 分离，离合器 C2 滑摩阶段。

⑤离合器 C1 分离，离合器 C2 接合阶段。

从 5 个阶段的动力传动路线和系统动力学分析两方面内容具体阐述双离合器分离和接合过程。

（1）第一阶段（C1 接合，C2 分离）　在此阶段，离合器 C1 转速等于发动机转速，挂上 Ⅳ 挡，离合器 C1 上的油压从最大值开始下降，离合器 C2 上的油压从零开始上升。离合器 C1 处于接合状态，传递全部的发动机转矩；离合器 C2 处于分离状态，不传递发动机转矩，且离合器 C2 从动部分连同与其连接的输入轴和主动齿轮一起空转，消耗从离合器 C1 传递过来的转矩。此阶段动力传递路线如图 3-16 所示。

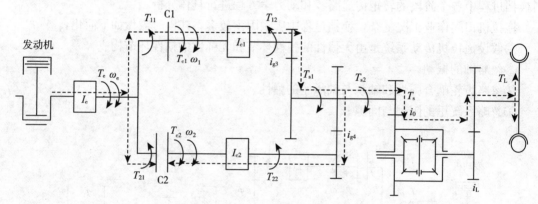

图 3-16　第一阶段动力传动路线

发动机与离合器 C1 部分的动力学方程为

$$T_e - T_{11} = I_e \dot{\omega}_e \tag{3-75}$$

$$T_{c1} - T_{12} = I_{c1} \dot{\omega}_{c1} \tag{3-76}$$

离合器 C2 部分的动力学方程为

$$T_{22} = I_{c2} \dot{\omega}_{c2} \tag{3-77}$$

拖拉机的动力学方程为

$$(\delta m + m_1)\dot{v} = \frac{T_t}{r_q} - F_T - (m+m_1)f\cos\varphi - 0.7BHv^2 - (m+m_1)gi \tag{3-78}$$

在此阶段，$\omega_{c1} = \omega_e$，$T_t = i_L i_0 (T_{s1} - T_{s2})$，$\dfrac{v}{r_q} = \dfrac{\omega_{c1}}{i_L i_0 i_{g3}} = \dfrac{\omega_{c2}}{i_L i_0 i_{g4}}$，$T_{s1} = i_{g3} T_{12}$，$T_{s2} = i_{g4} T_{22}$。

根据以上关系，可得此阶段的系统动力学方程为

$$T_e - \frac{i_{g3} - i_{g4}}{i_{g3}} T_{c2} - \frac{r_q [F_T + (m+m_1)gf\cos\varphi + (m+m_1)g\sin\varphi]}{i_L i_0 i_{g3}} = \left[\frac{(\delta m + m_1)r_q^2}{i_L^2 i_0^2 i_{g3}^2} + \frac{i_{g4}^2}{i_{g3}^2} I_{c2} + I_e + I_{c1} \right] \dot{\omega}_e$$

$$\tag{3-79}$$

（2）第二阶段（C1 接合，C2 滑摩）　在此阶段，离合器 C1 转速仍等于发动机转速，离

合器 C1 上的油压继续下降，离合器 C2 上的油压继续上升。离合器 C1 仍处于接合状态，传递大部分发动机转矩；离合器 C2 开始处于滑摩状态，传递少部分发动机转矩。此阶段动力传递路线如图 3-17 所示。

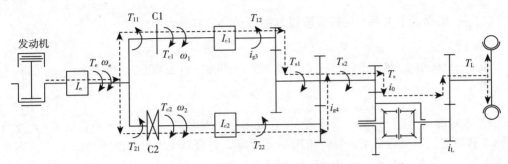

图 3-17　第二阶段动力传动路线

离合器 C1 部分的动力学方程与式（3-76）相同，式（3-75）变为

$$T_e - T_{11} - T_{21} = I_e \dot{\omega}_e \tag{3-80}$$

离合器 C2 部分的动力学方程为

$$T_{c2} - T_{22} = I_{c2} \dot{\omega}_{c2} \tag{3-81}$$

拖拉机的动力学方程与式（3-78）相同。

在此阶段，$\omega_{c1} = \omega_e$，$T_t = i_L i_0 (T_{s1} + T_{s2})$，$\dfrac{v}{r_q} = \dfrac{\omega_{c1}}{i_L i_0 i_{g3}} = \dfrac{\omega_{c2}}{i_L i_0 i_{g4}}$，$T_{s1} = i_{g3} T_{12}$，$T_{s2} = i_{g4} T_{22}$。

根据以上关系，可得此阶段的系统动力学方程为

$$T_e - \frac{i_{g3} - i_{g4}}{i_{g3}} T_{c2} - \frac{r_q \left[F_T + (m + m_1) g f \cos \varphi + (m + m_1) g \sin \varphi \right]}{i_L i_0 i_{g3}} = \left[\frac{(\delta m + m_1) r_q^2}{i_L^2 i_0^2 i_{g3}^2} + \frac{i_{g4}^2}{i_{g3}^2} I_{c2} + I_e + I_{c1} \right] \dot{\omega}_e \tag{3-82}$$

（3）第三阶段（C1 滑摩，C2 滑摩）　在此阶段，发动机转速与离合器 C1、C2 转速均不相等，离合器 C1 上的油压仍继续下降，离合器 C2 上的油压仍继续上升。离合器 C1 开始处于滑摩状态，传递的发动机转矩继续下降；离合器 C2 仍处于滑摩状态，传递的发动机转矩继续上升。此阶段动力传递路线如图 3-18 所示。

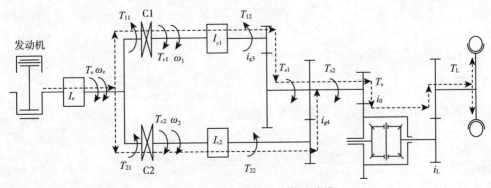

图 3-18　第三阶段动力传动路线

发动机与离合器 C1 部分的动力学方程与式（3-75）、式（3-78）和式（3-80）相同，离合器 C2 部分的动力学方程与式（3-81）相同，拖拉机的动力学方程与式（3-24）相同。

在此阶段，$\omega_{c1} \neq \omega_e$，$\omega_{c2} \neq \omega_e$，$T_t = i_L i_0 (T_{s1} + T_{s2})$，$\dfrac{v}{r_q} = \dfrac{\omega_{c1}}{i_L i_0 i_{g3}} = \dfrac{\omega_{c2}}{i_L i_0 i_{g4}}$，$T_{s1} = i_{g3} T_{12}$，$T_{s2} = i_{g4} T_{22}$。根据以上关系，可得此阶段的系统动力学方程为

$$T_e - T_{11} - T_{21} = I_e \dot{\omega}_e \tag{3-83}$$

$$T_{c1} - \frac{i_{g4}}{i_{g3}} T_{c2} - \frac{r_q [F_T + (m+m_1) g f \cos\varphi + (m+m_1) g \sin\varphi]}{i_L i_0 i_{g3}} = \left[\frac{(\delta m + m_1) r_q^2}{i_L^2 i_0^2 i_{g3}^2} - \frac{i_{g4}^2}{i_{g3}^2} I_{c2} + I_e + I_{c1} \right] \dot{\omega}_e \tag{3-84}$$

（4）第四阶段（C1 分离，C2 滑摩）　在此阶段，发动机转速仍介于离合器 C1 转速与离合器 C2 转速之间，离合器 C1 上的油压持续下降，离合器 C2 上的油压持续上升。离合器 C2 仍处于滑摩状态，传递发动机大部分转矩；离合器 C1 处于分离状态，不再传递发动机转矩，且离合器 C1 从动部分连同与其连接的输入轴和主动齿轮一起空转，消耗从离合器 C2 传来的转矩。此阶段动力传递路线如图 3-19 所示。

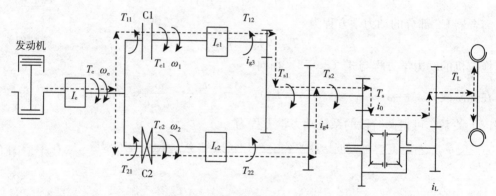

图 3-19　第四阶段动力传动路线

发动机与离合器 C1 部分的动力学方程为

$$T_{12} = I_{c1} \dot{\omega}_{c1} \tag{3-85}$$

发动机与离合器 C2 部分的动力学方程式为

$$T_e - T_{21} = I_e \dot{\omega}_e \tag{3-86}$$

$$T_{c2} - T_{22} = I_{c2} \dot{\omega}_{c2} \tag{3-87}$$

拖拉机的动力学方程与式（3-78）相同。

在此阶段，$\omega_{c2} \neq \omega_e$，$T_t = i_L i_0 (T_{s2} - T_{s1})$，$\dfrac{v}{r_q} = \dfrac{\omega_{c1}}{i_L i_0 i_{g3}} = \dfrac{\omega_{c2}}{i_L i_0 i_{g4}}$，$T_{s1} = i_{g3} T_{12}$，$T_{s2} = i_{g4} T_{22}$。根据以上关系，可得此阶段的系统动力学方程为

$$T_e - T_{21} = I_e \dot{\omega}_e \tag{3-88}$$

$$T_{c2} - \frac{r_q [F_T + (m+m_1) g f \cos\varphi + (m+m_1) g \sin\varphi]}{i_L i_0 i_{g4}} = \left[\frac{(\delta m + m_1) r_q^2}{i_L^2 i_0^2 i_{g4}^2} + \frac{i_{g3}^2}{i_{g4}^2} I_{c1} + I_{c2} \right] \dot{\omega}_{c2} \tag{3-89}$$

（5）第五阶段（C1 分离，C2 接合）　在此阶段，离合器 C1 上的油压下降到零，离合器

C2 上的油压上升到最大值。离合器 C2 处于完全接合状态，传递发动机全部的转矩；离合器 C1 最终处于完全分离状态。此阶段动力传动路线如图 3-20 所示。

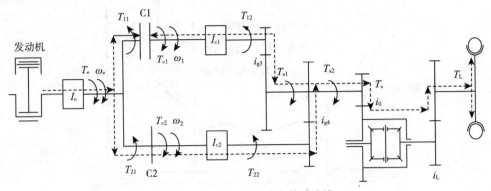

图 3-20　第五阶段动力传动路线

离合器 C1 部分的动力学方程与式（3-85）相同，发动机与离合器 C2 部分的动力学方程与式（3-86）、式（3-87）相同，拖拉机的动力学方程与式（3-78）相同。

$$T_e - \frac{r_q \left[F_T + (m+m_1) g f \cos \varphi + (m+m_1) g \sin \varphi \right]}{i_L i_0 i_{g4}} = \left[\frac{(\delta m + m_1) r_q^2}{i_L^2 i_0^2 i_{g4}^2} - \frac{i_{g3}^2}{i_{g4}^2} I_{c1} + I_e + I_{c2} \right] \dot{\omega}_e$$

$$(3-90)$$

在整个换挡过程中，离合器 C1 转速 n_1 和离合器 C2 转速 n_2 始终呈比例关系；在第一和第二阶段的换挡过程中，发动机转速 n_e 与离合器 C1 转速 n_1 相等；在第三阶段的换挡过程中，发动机转速 n_e 介于离合器 C1 转速 n_1 和离合器 C2 转速 n_2 之间；在第四和第五阶段的换挡过程中，发动机转速 n_e 与离合器 C2 转速 n_2 相等。因此，在换挡时应准确地控制发动机转速 n_e，使其在较小范围内波动。离合器 C1 转速 n_1、离合器 C2 转速 n_2 和发动机转速 n_e 三者这 5 个阶段的关系如图 3-21 所示。换挡过程中，离合器 C_1 传递的转矩、离合器 C_2 传递的转矩以及发动机输出转矩的变化趋势如图 3-22 所示。

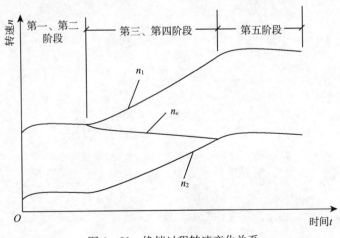

图 3-21　换挡过程转速变化关系

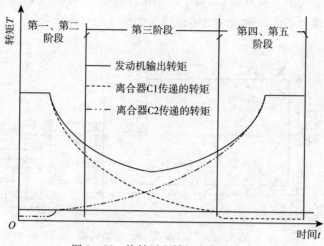

图 3-22 换挡过程转矩变化示意图

第4章 拖拉机双离合器自动变速器油供给系统

4.1 自动变速器油供给系统概述

双离合器自动变速器油（dual clutch transmission fluid，DCTF）作为 DCT 的工作和润滑介质，其主要作用有：①传递压力和运动，完成双离合器的接合和分离以及换挡动作；②双离合器自动变速器整个系统的冷却；③对齿轮、同步器、轴承和双离合器进行润滑；④双离合器自动变速器的磨损和腐蚀保护。

由于 DCT 结构的特殊性，DCTF 既要有手动变速器油（manual transmission fluid，MTF）对齿轮和同步器磨损、点蚀保护的性能，又要有自动变速器油（automatic transmission fluid，ATF）良好的摩擦性能和抗氧化性能。因此，DCTF 要求有优秀的湿式离合器摩擦性能、优秀的抗抖动摩擦耐久性能、良好的热氧化稳定性能、良好的抗磨性能、优秀的轴承性能、良好的抗腐蚀性能和优秀的材料相容性能。

DCTF 虽然要求兼具 MTF 和 ATF 的综合性能，但不能简单地通过混合满足 MTF 和 ATF 来得到 DCTF，因为不同的添加剂对变速器油性能的影响各不相同。以摩擦特性为例，不仅不同成分的摩擦改进剂会影响摩擦特性，极压添加剂、腐蚀抑制剂、黏度指数改进剂、分散剂、清净剂甚至密封溶胀剂等都对摩擦因数有影响。因此，DCTF 的调配须对各种添加剂及比例进行筛选优化，并进行各种台架试验验证。

ASTM（美国材料试验协会）和 API（美国石油学会）把自动传动液分为 3 类，如表 4-1 所示。

表 4-1 ATF 自动传动液的分类

分类	适用范围	相应规格
PTF-1	轿车、轻型卡车的自动传动装置	通用汽车公司 Dexron 系列
PTF-2	重负荷功率转换器、负荷较大的汽车自动传动装置多级变速器和液力耦合器	埃里逊公司 Allison 系列、卡特皮勒公司 TO 系列
PTF-3	农业及建筑机械的分动箱传动装置，液压、齿轮、刹车和发动机共用的润滑系统	约翰迪尔公司 J 系列、福特汽车公司 WZCA

4.2 双离合器自动变速器油供给系统的密封

　　拖拉机新品种开发是中国农机工业发展的核心，而拖拉机关键零部件如变速器的研发已成为研究热点。变速器是农业机械传动系统的主要总成之一，用于转变发动机曲轴的转矩及转速，以适应车辆起步、怠速停车、低速或高速行驶、加速、减速、爬坡、倒车等要求。双离合自动变速器能够根据拖拉机速度、发动机速度、动力负荷等因素自动进行升降挡位，不需驾驶者操作离合器换挡，使用方便。与传统的手动变速箱相比，双离合器自动变速器大大改善了拖拉机的燃油经济性，可减少排放并节省燃油高达15％；保证在变速箱换挡时消除拖拉机动力中断现象，换挡更为平顺，具有更好的稳定性、可控性和更长的使用寿命；同时，装备了双离合器自动变速器的拖拉机也能达到手动变速箱汽车同样高的速度，兼具优越的加速性能。因此，双离合器变速器拖拉机已成为国内农业机械的主流。目前，国内众多拖拉机厂商在双离合变速器方面均加大了研究投入。但是，双离合器自动变速器结构极其复杂，制造成本高，对其中的配套制品如橡胶油封提出了更高的性能要求。

　　油封用于保证拖拉机变速器液压装置的液压油不渗漏，对变速器的可靠工作乃至拖拉机的正常运转起着不可缺少的关键作用。骨架油封通常由橡胶、骨架、螺旋弹簧等组成，柔性橡胶带有金属骨架支撑，橡胶材料独特的高弹性使唇边刃口具有较大的回弹能力，其密封接触面窄，且接触压力分布均匀，再加上箍紧的弹簧，使唇口对轴颈具有较好的追随补偿性能。发动机工作时，机体内的润滑油随转动的轴被带上轴颈与油封口处，在油封唇口的弹性压力及润滑油的飞溅惯性作用下，其接触面形成了一层牢固的润滑油膜，这样既封住了油不往机体外泄漏，又使唇口得到可靠的润滑。因此，油封能以较小的唇口径向力获得良好的密封效果。

　　然而，由于双离合器自动变速器复杂的结构特点，拖拉机所用的介质不断改进和更新，油封使用工况越来越苛刻，以及拖拉机工业低油耗、低排放、低噪声和超长使用寿命的发展方向，对油封结构、模具设计、材料质量、加工设备和加工工艺等提出了新的更高的性能要求，以不断提升产品质量和档次，满足拖拉机工业发展的需要。近年来，随着应用领域的快速拓展，骨架唇形油封的产品品种不断增多，产品结构不断创新，国内外对油封材料、油封结构模具设计、胶料与骨架黏合等进行了大量研究。

4.2.1 油封材料

　　油封的主体材料主要根据油封密封介质、工作温度以及轴转速确定，目前使用的骨架油封材料包括丁腈橡胶（NBR）、氟橡胶（FKM）、丙烯酸酯橡胶、硅橡胶、氟硅橡胶、氢化丁腈橡胶、聚四氟乙烯等。在以碳链烷烃为主要成分的传统燃料（汽油、柴油）中，NBR和氯醚橡胶等传统耐油材料具有优良的耐溶胀性能和耐渗透性，所以一直作为拖拉机燃油系统密封材料使用。但随着拖拉机燃油的多样化发展，含氧燃料、生物柴油及混合燃油的广泛应用，如在汽油和柴油中混入含氧燃料（如甲醇、乙醇等）的混合燃料，为碳链烷烃与醇类、醚类或酯类物质的混合物，既具极性又具非极性，传统的耐碳链烷烃极性橡胶无法在这种介质中正常使用。因而对拖拉机新型燃料橡胶密封材料的研究开发十分迫切。

拖拉机变速器油封的短期允许使用最高温度为 100℃，采用硫黄硫化、炭黑补强的 NBR 油封的唇部易产生硬化甚至龟裂的现象，因此需通过优化配方等手段提高 NBR 类油封的性价比。严宏洲等采用 NBR 基体材料、过氧化物硫化体系、防老剂 MB/RD 并用和超细耐磨石墨填料的配方，并采用上模水平方向和上下模垂直方向同时定位的模具结构，研制了越野货车内包骨架油封，其对锂基润滑脂有很好的密封效能，产品性能达到国外同类产品水平。采用白炭黑/轻质氧化镁补强的 NBR 硫化胶耐热老化和耐油性能良好，所制备的油封使用性能优异。大分子偶联剂改性的纳米氮化硅可大幅延长相应 NBR 油封制品的使用寿命。

4.2.2　油封结构

骨架油封结构包括外露、半外露、内包骨架油封以及各种流动动力油封。油封结构对密封性能影响极大。如流体动力油封密封唇往往刻有各种花纹，形成的沟槽能将渗漏的油 "泵回" 油腔，密封性能高；波形唇口结构可降低油封对轴的抱紧力，从而降低油封摩擦力。设有两个防漏油密封唇和一个防尘密封的油封结构不仅提高了密封部件性能的可靠性，使防漏防尘性能大为提高，而且密封装置的体积大为减小。汤毓红等设计了一种新型改性聚四氟乙烯油封，具有非对称双唇结构，在唇口背部设回油叶片，并在密封唇上开螺旋回流槽。这种新型油封具有非常优良的密封性能和使用寿命，较普通油封分别提高 30% 和 50% 以上，较好地解决了高温、高速、高耐磨旋转部位苛刻的动态密封难题。

但骨架式橡胶油封主唇口结构的变化会给模具设计带来更大的困难，因为橡胶在硫化后有一定的收缩，因受到骨架及形状的约束，使主唇口处橡胶收缩时不能像纯胶件那样呈现规律性变化，不同胶种不同形状的油封主唇口处收缩率各异，增大了模具设计的难度。因此，应加强油封唇口的收缩率规律的研究，以利于提高橡胶油封的性价比。

4.3　双离合器自动变速器油供给系统的润滑

随着拖拉机技术水平的提高、节能减排的限制以及人们对拖拉机驾驶性能的不断要求，拖拉机变速箱技术水平也在不断进步。双离合器自动变速器技术对拖拉机燃油经济性和换挡平顺性有较大的提高，所以其在拖拉机上的装配率不断上升。

4.3.1　双离合器自动变速器油发展概况

DCTF 和 ATF 发展类似，没有统一的标准。不同的变速器，各 OEM 厂商、汽车厂商、润滑油公司都有不同的要求。BP 石油与德国格特拉克（GETRAG）、美国福特发动机制造公司共同开发了 BOT 341DCT 专用油，该油可在高、低温条件下正常工作，并满足离合器、液压、齿轮等机构的要求。路博润公司 2003 年就申请了用于双离合器油的专利 US6528458，主要成分为适宜黏度的基础油、摩擦改进剂、清净分散剂、专用 DMTD 添加剂，该发明在日本 [JP2O10196063（A）]、欧洲 [EP1499701（A1）、EP1499701（B1）]、世界知识产权局 [WO03089553（A1）] 均已申请专利。在 DCTF 的研发和应用方面，国外也没有形成统一的标准体系，德国的 Pentosin 公司在 DCTF 的生产应用中较为领先，并针对不同的双离合变速箱生产了不同系列的 DCTF。

国内适用于双离合器自动变速器的润滑油种类较少，而且大部分以路博润、壳牌、BP 等国外公司的产品为主，国产品牌较少，中国石油化工集团面市有双离合器自动变速器专用油，地方企业更是寥寥无几。中国石化北京石油化工科学院、中国石油兰州润滑油研发中心、中国石油大连润滑油研发中心均有自动变速器油的研发体系。总体上讲，国内对 DCTF 的研发较晚，基本处于开始阶段，国内装配率较高的双离合变速箱技术属大众的 DSG 技术，DCTF 的标准应该以适应 DSG 为主，并辅以兼顾其他变速箱技术。

4.3.2 双离合器自动变速器油对双离合器自动变速器的润滑

4.3.2.1 适宜的黏度和黏温性能

双离合器自动变速器油在高温条件下要保证良好的润滑、冷却性能，防止离合器片过热，并且在低温下要保证启动性能和泵送性能。

低黏度油品在保证形成足够油膜厚度的前提下可降低系统传动阻力和功率损耗，增加流体流动速度，使系统散热更快，DCT 系统工作温度较高，液压、冷却循环系统的效率对 DCT 工作稳定性影响很大，一般要求 DCTF 比手动变速箱齿轮油黏度小，高、低温黏度性能与 ATF 的黏度相当。DCTF 在满足要求的前提下，黏度应该越小越好，如果几组研制油通过其他性能测试，那么，选择黏度最小的配方组成。

4.3.2.2 相宜的动、静摩擦特性

摩擦特性是 DCTF 的重要特性之一，由于回转部件具有转动惯量，离合器在接合时需要把这些转动惯量吸收，当摩擦片间相对转速接近于零时会出现瞬时高转矩，即瞬时高摩擦系数，这往往会引起离合器和制动器的振动和噪声，直接影响到换挡及制动的平稳性。这可以通过静摩擦系数和动摩擦系数评价，动摩擦系数过小，离合器接合时滑动增大，启动转矩损失大；静摩擦系数过大，离合器在接合最后阶段会引起转矩的激烈增大，使换挡感觉不够平顺。所以，DCTF 应具有与摩擦材料相匹配的静摩擦系数和动摩擦系数。

在减少扭矩传递中损失的同时，离合器在接合时要尽量提高离合器片间的摩擦系数，但摩擦系数不能太大，以免增大离合器间的摩擦，产生磨损，降低了接触时的平滑性，增加了接触扭振。在 DCTF 中加入摩擦改进剂时，既要考虑离合器的平滑接合、减小扭振，又要考虑接合时的扭矩损失，使两者达到一个平衡。DCTF 也要求具有与 ATF 相当的湿式离合器的摩擦稳定特性，满足离合器接合特征。

摩擦耐久性也是 DCTF 抗磨减磨的一个重要指标，主要通过循环试验检验。

4.3.2.3 较高抗磨减磨性能

抗磨性是机械传动时对油品的基本性能要求，变速器中的行星齿轮、轴瓦、防震垫、油泵、离合器圆盘、制动闸带要保证不发生异常磨损现象。DCT 是以手动变速器作为基础，加上离合器和液压及电控系统，所以基本的齿轮润滑要满足 MTF 要求，符合耐承载特性、抗疲劳磨损特性。但 MT/AT 在换挡时，同步器将输入轴齿轮和输出轴齿轮啮合，而 DCT 的输入齿轮与输出齿轮是常啮合状态，同步器一直在输入与输出齿轮上接合，仅仅通过离合器动作接合动力，使换挡更快，同步器工作更为苛刻，所以 DCTF 的抗点蚀、抗擦伤、抗磨损保护要至少达到 MTF 的同等性能，与 MTF 相当的同步器摩擦特性，并且要配合同步器材料、结构，使同步器发挥较高性能的同时保持稳定性。

4.3.2.4　较好的抗氧化性能

因为 DCT 离合器在工作时会产生较大的热量，所以 DCTF 的热稳定性和高温下的抗剪切稳定性是非常重要的，而高温条件下油品的氧化速度对其有很大影响，润滑油分子在高温条件下氧化速度过快，油中容易产生油泥等高分子聚合物，增大油品的黏度、降低流动性，同时，黏度指数改进剂之类的高分子化合物分子结构容易在载荷变化下发生破裂，承载能力降低，减小了油品的抗剪切性能，由于 DCT 具有 3 根轴，中间输入轴和两根输出轴同时接触，中间轴齿轮较 AT、MT 齿轮工作条件更为苛刻，在齿轮齿面接触时要避免油膜在齿面剪切作用下发生破裂，以保证能够承受高的机械负荷。DCT 与 AT 相比温度更高，DCTF 的抗氧化性能至少与 ATF 性能相当。

4.3.2.5　其他性能要求

液压系统中油品含有气泡会引起系统主油压降低，导致离合器打滑、换挡滞后，齿轮磨损严重等故障发生。为了保证离合器控制和液压控制安全可靠，DCTF 必须具有一定的抗泡性，选择合适的抗泡添加剂解决；同时，DCTF 要有一定的防腐性能，防止铜、钢、铝等金属在低温下产生腐蚀。

与 MTF 和 ATF 相比，国内 DCTF 没有明确的产品规格标准，综合以上，DCTF 的开发仍参照 ATF 标准，在某些性能上至少要与 AT/MT 用变速箱油分别相等，要具有适宜的黏度和黏温性能，相宜的静、动摩擦特性，摩擦耐久性，较高抗磨减磨性能，较好的抗氧化性能，抗剪切性能，一定的抗泡性和防腐性。

4.3.3　双离合器自动变速器油主要性能测试方法及要求

DCTF 性能兼顾了 AT 与 MT 的性能特点，在某些性能方面要求更高，各指标试验方法与 ATF 大致相同，主要包括黏度、闪点、燃点、腐蚀、泡沫、磨损等基本试验，以及摩擦特性、循环试验和氧化试验等重要严格试验项目。

4.3.3.1　黏度

福特公司 Mercon 规格要求 $100℃$ 运动黏度不低于 $6.8mm^2/s$，一般规定黏度指数在 170以上，在不同的低温条件下布氏黏度有相应的限值。SAEJ306 对车辆用齿轮油黏度分类还要求经 CECL-45-T-93 试验，20h KRL 圆锥滚子轴承剪切试验后，仍需符合该级油品 $100℃$ 最低黏度规范的要求，评定高温黏度的方法采用 ASTM D445（GB/T265）方法，低温黏度一般采用 ASTM D2983（GB/T11145）方法测定。

4.3.3.2　闪点与燃点

闪点、燃点与 DCTF 所选用的基础油中轻质成分的多少有很大关系，通用汽车 DEX Ⅱ E、DEX Ⅲ 规格的闪点分别不低于 $160℃$ 和 $170℃$，福特 Mercon 规格不低于 $180℃$，通用 Dexron Ⅱ E、Dexron Ⅲ 规格燃点分别不低于 $175℃$ 和 $185℃$，试验方法采用 ASTM-92。由于 DCT 中片式离合器的油温要求在 $-30\sim150℃$ 之间，所以 DCTF 的闪点、燃点至少应达到 ATF 的水平。

4.3.3.3　腐蚀试验

通用 Dexron 和福特 Mercon 规格通过铜片腐蚀和锈蚀实验来评价抗腐蚀性，分别采用 ASTM D130 和 ASTM D665 试验标准，DEX Ⅱ E 规格要求铜片在 $150℃$ 下保持 3h 后无黑色、表面剥落。Dexron Ⅲ 和 Mercon 规格要求铜片腐蚀等级小于 1b。DCT 与 AT 的密封性相近，抗腐蚀性能要求基本相同。

4.3.3.4 抗泡性

通用汽车采用 GM6137-M 方法 G 测试抗泡沫性，DEX Ⅲ E 规格要求 95℃ 时无泡沫，135℃ 时泡沫高度不超过 10mm，消泡时间不超过 23s；福特汽车采用 ASTMD-892 测起泡特性，New Mercon 规格要求在 24℃、93℃、150℃ 时 100mL 中无气泡。

4.3.3.5 磨损试验

通用、福特和埃里逊公司均采用叶片泵磨损失重试验评价抗磨损性能，试验标准为 ASTM D2882，以试验后叶片泵和定子总失重的毫克数来表示，最大磨损不超过 15mg。我国 SH/T 0307 石油基液压油磨损特性测定法（叶片泵法）、英国 IP 281 V-104 叶片泵试验法也可评价。中国石油兰州润滑油研发中心颉敏杰等也采用四球法对 ATF 进行抗磨试验，与叶片泵法的相关度较高，DCTF 建议使用叶片泵法。

4.3.3.6 摩擦特性试验

摩擦特性是全部性能中最重要又最难达到的性能，它是换挡感觉、动力矩负荷和摩擦耐久性的综合平衡性能。摩擦特性试验主要包含静摩擦试验、动周期摩擦试验、台架实机周期试验、行车试验。

通过实际摩擦片、摩擦带和鼓的啮合试验来测定静摩擦扭矩、动摩擦扭矩、最大扭矩和啮合时间来评价油液的摩擦特性。对纸质、钢片、石墨等类型离合器的摩擦特性，GM 公司的 Dexron Ⅱ D、Ⅱ E、Ⅲ 及福特公司的 Mercon、New Mercon 和埃里逊公司的 Allison C-3、C-4 规格都要求用 SAE No.2 摩擦试验机来评定，通用与福特的标准为 SD-1777。德国在欧洲理事会 DKA 也有相应的试验方法，与 SAE No.2 非常相似。

对离合器的低速滑动性能，通用公司用 LVFA 低速摩擦试验机评价，它的改进型速度可变式摩擦试验仪（VSFT）、μ-v 试验台也可用来评价。日本 JASO M349 自动传动液防抖动性能试验方法也采用 LVFA 试验机，该方法利用摩擦系数与滑动速度特性来评价自动传动液的抗抖动性能的好坏。我国早期还通过中国船舶总公司第七研究院七一研究所的离合器摩擦元件动态性能试验台测试过 ATF 的摩擦特性，并具有良好的区分性。中国科学院兰州化学物理研究所胡盛学等人采用改进后的 Flax-Ⅰ 型摩擦磨损试验机进行了 ATF 试验。

对齿轮的摩擦特性，通过齿轮及齿轮箱研究所 FZG 刮擦试验测试齿轮耐负重性能，通过 FZG 点蚀试验测试抗疲劳性能。将一对直齿轮浸没在试验油池（约为 1 200mL）中，并开始加热至 90℃。试验齿轮在 1 450 r/min 转速下运转，所加负荷共分 12 级（98～15 680N），每级运行 15min。在各级试验结束时，检查齿轮的胶合痕迹，并称量齿轮质量，确定因磨损而失掉的金属量，根据质量损失判定失效，并且该实验可考察齿轮的擦伤、点蚀和微点蚀。

对于同步器摩擦特性，可以采用 μ-comb 同步器测试台和 FZG SSP180 台架测试同步器性能，FZG SSP180 同步器单体测试机应用较广泛，试验标准为 CEC L-66-T-99。

轴承磨损采用 FAG 实验法，通过 FE8 试验台测试齿轮撞击、同步器磨损、同步器黏着的程度，标准为 DIN51819。

4.3.3.7　循环试验

循环试验指涡轮增压液压自动循环试验（THCT）透平液压自动循环台架试验，它模拟汽车在城市的工况，考查变速箱油的抗氧化性能、摩擦稳定性、润滑性、黏度稳定性和对冷却器青铜的腐蚀情况，测试自动变速箱整个运行周期及使用温度范围摩擦特性的变化，考查摩擦耐久性。

该试验是用发动机驱动一台自动变速器，经 20 000 周期循环试验后，检测自动变速器各部件状态，并测定换挡时间和油品性能变化，Dexron 和福特 Mercon 均要求顺利通过 20 000 次循环。

为了试验尤其在摩擦副持久滑动情况时的换挡和摩擦行为，传动装置制造厂商 ZF 研制了 GK 试验台，它可以将被测油温降低至−20℃，检测油品的低温启动性能；连续滑动扭矩转换离合器台架（CSTCC）也可以很好地模拟相应的工作条件，评价摩擦稳定性。

4.3.3.8　氧化试验

氧化试验方法较多，通用汽车公司通过 THOT（turbohydram atic oxidation test）氧化台架来评定，采用一台 THM‑350 或 4L‑60 自动变速箱，在 163℃通空气 90mL/min 下运转 300h，测定试样酸值、碳基吸收峰变化、高低温黏度，并检查传动部件状态及冷却器青铜合金腐蚀情况，但 GM 的 THOT 台架试验每次需消耗一台自动变速箱，评定费用较高；福特的 Mercon 规格要求采用（aluminum beaker oxidation test，ABOT）铝杯氧化试验来评定，每次试验装油 250mL，在 155℃下通空气 5mL/min 运转 300h，测定油品黏度、酸值、戊烷不溶物、碳基吸收峰变化以及铜、铝片外观。

4.4　双离合器自动变速器供给系统的冷却

4.4.1　双离合器自动变速器冷却系统类型

双离合器自动变速器的冷却系统的作用是保证双离合器自动变速器的润滑油工作在正常的温度范围。目前自动变速器上常用的冷却系统有风冷式冷却系统和水冷式冷却系统。风冷式冷却系统是利用汽车行驶时周围的空气流经变速器冷却器，将润滑油的热量直接散入大气，受风速影响较大，汽车在低速连续换挡或爬坡工况时，由于风速较小导致冷却效果不明显；此外，在冬季变速器刚启动时，变速器油温上升较慢，不利于变速器刚启动时的工作。水冷式冷却系统利用发动机的冷却水与自动变速器的润滑油实现热交换。通过发动机的冷却水将自动变速器中润滑油的热量散发出去，并且在冬季启动时可以利用发动机冷却水对自动变速器润滑油进行加热。

冷却器采用的是整体式冷却器，由冷却翅片、安装底板以及管路接头组成。冷却器是通过冷却水和润滑油进行换热冷却，冷却翅片可增加水和润滑油的散热面积。在冷却器内部，冷却水和润滑油是相互隔开、独立流动的，一层水通道，一层油通道，这样可保证水流和油流的接触面积更大。此外，DCT 冷却系统设计时保持冷却水的流动方向与润滑油的流动方向相反，逆流的设计保证更好的冷却效果。

4.4.2 双离合器自动变速器冷却系统循环水路

发动机的冷却水循环包括大循环和小循环。发动机大循环的特点是冷却水水量较大，并且冷却循环水经过散热器散热后水温较低，但是只有在冷却水的水温高于节温器开启温度时才会有冷却水循环。发动机小循环的特点是冷却水水量相对较小，水温也相对稍高，但是只要发动机处于工作状态就都有冷却水循环。为保证时刻有冷却水流过 DCT 冷却系统中的冷却器，与 DCT 的油路实现热交换，选择从发动机小循环处接冷却水通往冷却器。某发动机的水泵流量特性如图 4-1 所示。发动机转速 5 000r/min 时水泵的排量达到 90L/min，根据发动机水路的设计去往 DCT 冷却器和空调暖风机的流量约为 24%，即 21.6L/min。采用将 DCT 的冷却器与暖风机并联的方式，将 DCT 冷却器接入到发动机的冷却循环系统中，利用发动机的水循环和 DCT 的润滑油实现热交换。冷却水循环路线如图 4-2 所示。

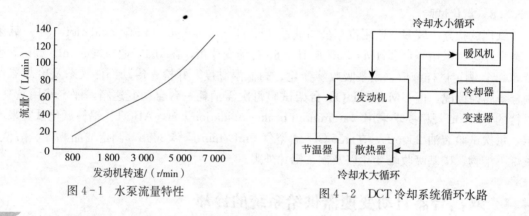

图 4-1　水泵流量特性　　　　　　　　　图 4-2　DCT 冷却系统循环水路

4.4.3 双离合器自动变速器冷却系统循环油路

DCT 冷却系统的目的是利用冷却水将双离合器自动变速器润滑油的热量带走。热平衡公式

$$Q = C \times q \times \Delta T \tag{4-1}$$

式中：Q 为润滑油吸收/散发热量（W）；C 为润滑油比热容 $[J/(kg \cdot K)]$；q 为润滑油的质量流量（kg/s）；ΔT 为润滑油温度差（℃）。

根据热平衡公式可知，增大 DCT 润滑油通过冷却器的流量，可以获得更好的冷却效果，但同时要考虑双离合器对润滑油量的需求，以及冷却器的压力降对油路的影响。综合考虑设计的 DCT 冷却系统的油路循环如图 4-3 所示。DCT 冷却系统的油路系统主要包括油泵安全阀、压力调节阀、冷却器等。

DCT 冷却系统油路中的压力调节系统实现对 DCT 的压力进行调节，是通过一个滑阀和电磁阀进行控制压力的，电磁阀是可变流量比例电磁阀，通过电子控制系统调节电流值，电流的大小决定了电磁阀泄漏量的大小，通过泄漏量的改变来调节作用在压力调节滑阀的端部先导油压的大小。其液压原理示意图如图 4-4 所示。压力调节的原理利用的是滑阀阀芯平衡的原理，即作用在滑阀两端的力应该相等。压力调节滑阀一端的作用力为可变流量比例电磁阀控制油压产生的先导油压和弹簧力，另一端作用力为冷却系统的压力，其平衡方程为

$$P_1 A_1 = P_2 A_2 + F \times 100 \qquad\qquad (4-2)$$

式中：P_1 为系统压力（MPa）；P_2 为电磁阀先导作用油压（MPa）；F 为弹簧作用力（N）；A_1 为系统压力作用在滑阀上的面积（mm²）；A_2 为电磁阀压力作用在滑阀上的面积（mm²）。

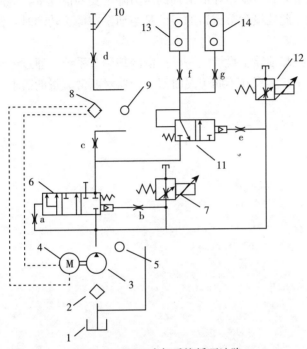

图 4-3　DCT 冷却系统循环油路

1. 油箱　2. 滤清器　3. 油泵　4. 发动机　5. 安全阀　6. 压力调节滑阀　7. 比例电磁阀

8. 热交换器　9. 旁通阀　10. 轴齿　11. 润滑冷却滑阀　12. 比例电磁阀

13. 离合器 C1　14. 离合器 C2　a、b、c、d、e、f、g. 节流口

该 DCT 冷却系统电磁阀可调节的油压范围为 10～1 000kPa，弹簧作用力为 35.2N，系统压力作用在滑阀上的面积为 94.28mm²，电磁阀压力作用在滑阀上的面积为 168.25mm²，则冷却系统的压力工作范围为 0.391～2.153MPa。主压力不同，则压力调节滑阀阀芯的位置不同，影响去往冷却器及离合器润滑冷却的流量。去往冷却器的流量和润滑双离合器的流量的大小是通过在冷却器的油路上增加节流口来实现分配的。

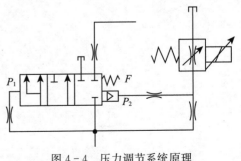

图 4-4　压力调节系统原理

冷却器油路与润滑冷却油路设计为并联模式，是由于双离合器不滑摩时，需要的冷却流量较小，将冷却器设计在双离合器润滑油路上会影响冷却器的散热性能。在冷却器的油路上设计了节流口 c，用于控制去往冷却器的流量。节流口的流量公式为

$$Q = C_d \cdot A \cdot \sqrt{\frac{2\Delta p}{\rho}} \qquad\qquad (4-3)$$

式中：Q 为流量（m^3/s）；C_d 为流量系数；A 为节流口面积（m^2）；Δp 为压力降（Pa）；ρ 为润滑油密度（kg/m^3）。

根据节流口的流量公式可知，在润滑油的压力降不变的情况下，节流口的面积越大，去往冷却器的流量越大。此处设计节流口的目的是当油泵在低速转动时，保证去往离合器润滑的流量需求。

在双离合器润滑冷却油路上设计了一个润滑冷却调节系统。通过电子控制系统控制作用在电磁阀上的电流大小，实现在不同工况时双离合器对润滑流量的需求。

第5章 拖拉机双离合器自动变速器液压控制系统

5.1 液压控制系统组成及工作原理

5.1.1 液压控制系统组成

液压系统按工作特性的不同，可分为不带反馈的开环系统——液压传动系统和采用伺服阀等电液控制阀组成的带反馈的闭环系统——液压控制系统。其主要区别是前者以传递动力为主、传递信息为辅，而后者是以传递信息为主、传递动力为辅。但随着液压技术的应用不断拓展，液压系统的复杂性不断增强，这两者之间区别不再那么明显。往往液压传动系统也需要精确控制，液压控制系统则是为了准确实现动力传递。

液压传动与控制的机械设备或装置中，其液压系统大部分使用具有连续性的液压油等工作介质，通过液压泵将驱动泵的原动机的机械能转换成液体压力能，经过压力、流量、方向等各种控制阀，送至执行器（液压缸、液压电动机或摆动液压电动机）中，转换为机械能去驱动负载。这样的液压系统一般由动力源、执行器、控制阀、液压辅件及液压工作介质等几部分组成，各部分功能详见表 5-1。

表 5-1 液压控制系统组成部分及功能

	组成部分	功 能
动力源	原动机（电动机或内燃机）和液压泵	将原动机的机械能转变为油液的压力能，输出压力油液
执行器	液压缸、液压电动机和摆动液压电动机	将液体的压力能转变为机械能，用以驱动工作机构的负载做功，实现往复直线运动、连续回转运动或摆动
控制阀	压力、流量、方向控制阀及其他控制元件	控制调节液压系统中从泵到执行器的油液压力、流量和方向，从而控制执行器输出的力（矩）、速度（转速）和方向，以保证执行器驱动的主机工作机构完成预定的运动规律
液压辅件	油箱、管件、过滤器、热交换器、蓄能器及指示仪表等	用来存放、提供和回收液压介质，实现液压元件之间的连接及传输载能液压介质，滤除液压介质中的杂质，保持系统正常工作所需的介质清洁度，系统加热或散热，储存、释放液压能或吸收液压脉动和冲击，显示系统压力、油温等
介质	各类液压油（液）	作为系统的载能介质，在传递能量的同时起润滑冷却作用

DCT 电控单元发出指令，液压控制系统上的电磁阀接收指令，电磁阀对液压阀进行控制，实现变速器的工作。系统中液压油是由油泵产生的，液压油对离合器的工作进行控制，控制挡位的切换，除此之外，压力油还要冷却离合器和齿轮机构。液压控制的组成主要有 3 个部分：一个是润滑冷却系统，一个是离合器控制系统，一个是换挡控制系统。图 5-1 所示为某湿式 DCT 的液压控制系统，组成部件较多，主要有一个机油泵、一个散热器、一个机油滤清器、一个油底壳、一个阀体，还有一个挡位调节器。

图 5-1　某湿式 DCT 液压系统

油泵的作用是为系统提供油压，图 5-2 所示为某湿式 DCT 采用的油泵，这个油泵从结构形式上属于齿轮泵，泵中间有一月牙形隔板，也习惯性地称之为月牙泵。

该泵由发动机曲轴通过一根泵轴直接驱动，发动机一旦开始旋转油泵就开始旋转产生油压，输出的油液流量和发动机的转速成正比。油泵从吸油侧把油槽中的变速器油吸入油泵，经过油泵齿轮加压，从压力侧把油送到液压系统液压中。

滑阀箱是液压控制系统的核心部分，图 5-3 为滑阀箱的实物图。滑阀箱的作用是控制油液的压力和去向，保证变速器能正确地换挡和换挡品质。

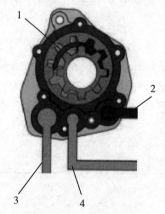

图 5-2　油泵的结构
1. 月牙　2. 压力侧　3. 吸油侧
4. 去往吸油侧的机油回流

图 5-3　滑阀箱实物
1. 滑阀箱　2. 机油泵　3. 机油槽　4. 机油喷管
5. 机油滤清器　6. 机油冷却器　7. 挡位调节器

5.1.1.1　液压系统的主要优点

（1）体积小、质量轻，可适用于不同功率范围的传动。由于液压传动的动力元件可以采用很高的压力，如表 5-2 所示。液压元件按照工作压力的大小可分为低压、中压、中高压、高压和超高压，最高可达 32MPa，个别场合更高。在高压进行能量转换，流量较小，因此具有体积小的特点。单位功率的重量远小于一般的电机。在中、大功率以及实现直线往复运动时，这一优点尤为突出。

（2）执行控制方便，易于实现无级调速可以采取不同的方式（手动、机动、电动、液动等）执行液压控制阀来改变液流的压力、流量和流动方向，从而调节液压缸或液压电动机的输出力、速度、位移，不需特殊的措施就可以达到无级调速的目的，并且调速范围宽广。

表 5－2　液压元件压力分级

压力分级	低压	中压	中高压	高压	超高压
压力范围/MPa	0～2.5	>2.5～8	>8～16	>16～32	>32

（3）与机电结合控制可以简便地与电控部分组成电液成一体的传动、控制器件，实现各种自动控制。这种电液控制既具有液压传动输出功率适应范围广的优点，又可以充分利用电子技术控制方便、灵活等特点，因而具有很强的适应性和广阔的应用领域。

（4）工作安全性好，易于实现过载保护。从液压动力元件的特征可知，工作机构的载荷、速度直接反映为液流的压力和流量。因此，通过对液流参数的监控即可实现对机器的安全保护。

（5）液压传动装置的各元件之间仅靠管路连接，没有严格的定位要求。结构布置可以根据机器的具体情况灵活决定，与机械的严格要求相比，简单方便得多。

（6）液压传动响应快，动态特性好。由于液压元件的运动部分质量小，因此液压传动的动态响应比同等功率等级的电传动高数倍乃至 10 倍以上。

5.1.1.2　液压系统的主要缺点

（1）传动效率不高。受液体流动阻力和泄漏的影响，液压传动的效率一般为 75%～85%，对功率的利用影响较大，并带来系统发热、污染等问题。

（2）工作性能易受温度变化的影响。当温度变动时，液体的黏度会发生变化，从而影响液流的状态。

（3）液压元件的制造精度要求高，与此相应元件的造价和维护代价较大。一旦液压元件、系统某处的密封失效而产生外泄漏，不但可使机器工作性能受到影响甚至失效，而且油液还会污染工作环境。

5.1.2　液压控制系统工作原理分析

湿式 DCT 液压控制油路看起来很复杂，但如果把油路细分就没有这么复杂。第一个油路是主油路压力，这个油路是用来调节主油路工作油压的；第二个油路是冷却润滑，其主要作用是冷却离合器和冷却润滑齿轮；第三个油路是换挡控制，这个油路的作用是提供换挡油压，推动换挡机构工作；第四个油路是离合器控制，这个油路的主要作用是保证离合器在需要的时候工作，不需要的时候断开。

5.1.2.1　主油路压力调节分析

油泵把油底壳中的液压油从吸油的一侧吸上来，经过油泵加压后，变速器油从油泵的出油侧进入油路中，进入到系统的变速器油的压力需要做调节，主油路调压滑阀就开始起作用了。主油路滑阀由主油路压力控制阀和减压阀控制，如果系统中油压过高，减压阀就会被打开，这样系统油压就会降下来，如果高压油把主油路调节滑阀打开太快，这时滑阀下端有一个卸油口，这个油道直接把释放出来的油液送回到油泵吸油侧。所以主油路调节滑阀始终把主油路的油压控制在一个稳定的值，保证了变速器正常换挡和换挡品质。主油路调节滑阀下端还有一个油路，该油路把油送到需要冷却的离合器和变速器齿轮处。

5.1.2.2 冷却润滑油路分析

DCT的冷却润滑油路，从主油路调压阀出来的液压油分成两路：一路液压油来到离合器冷却滑阀处，这路液压油的主要用途是冷却离合器；另外一路液压油去往变速器齿轮机构处，主要的用途是冷却和润滑齿轮机构。油液经过离合器冷却滑阀调节后，去往两个离合器处。离合器有一温度传感器，这个传感器专门用来检测离合器的工作温度，传感器将温度信号传送给电控单元，电控单元对离合器冷却电磁阀发出指令，电磁阀控制先导油压大小来控制离合器冷却滑阀阀芯的位置。

所以，离合器冷却滑阀可以实时改变液压油的输出量。当离合器冷却不足时，加大出油量；当离合器温度过低时，减少出油量。

5.2 电液控制单元

电液控制系统是双离合器自动变速器的核心技术之一。由于电液控制系统是依靠电液控制阀来完成控制任务的，所以为了能够更深入地了解电液控制系统的特性及对其影响因素，有必要对电液控制技术的总体情况先做一下了解。

电液控制阀分为电液伺服阀、电液比例阀和电液数字阀。它们在液压系统中的功用是通过控制调节液压系统中油液的流向、压力和流量，使执行器及其驱动的工作机构获得所需的运动方向、推力（转矩）及运动速度（转速）等。电液控制系统按照所用电液控制阀的不同，可分为电液伺服控制系统、电液比例控制系统和电液数字控制系统，其组成结构如图5-4所示。

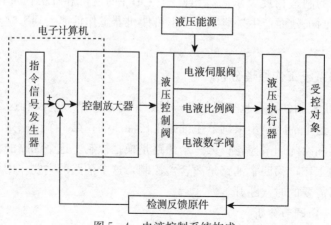

图5-4 电液控制系统构成

采用计算机对液压系统进行实时控制是液压技术的发展趋势之一。用计算机控制液压系统有3种方式：一是用计算机通过A/D转换器及伺服放大器控制比例阀或伺服阀；二是由计算机控制步进电机带动阀芯运动；三是由计算机控制脉宽调制放大器，操纵高速开关阀工作，从而控制液压缸或电动机运动。这3种电液控制阀相互比较如表5-3所示。

表5-3　电液数字阀与电液伺服阀、电液比例阀的比较

项目	电液数字阀	电液伺服阀	电液比例阀
控制功率/W	5～10	0.05～5	10～25
线性度	较高	高	较高
重复精度/%	<0.1	0.5～1	0.5～1
滞环/%		0.1～0.5	3
过滤要求/μm	25	1～5	25
频宽/Hz	5	60～200	10
遮盖（死区）	有	无	有
应用类型	执行器开环或闭环	执行器开环	执行器开环或闭环

由于电液伺服阀结构复杂，昂贵，维护困难，很多场合电液伺服阀都被电液比例阀或电液数字阀所取代。双离合自动变速器中的电液控制阀主要分为电液比例阀和电液数字阀，其中电液数字阀又分成高速开关阀和增量式数字阀。

（1）电液比例阀　电液比例阀是以传统工业中所用液压阀为基础，利用加装的电-机械转换装置将输入电信号转换成位移信号，连续比例地控制液压系统中工作介质（一般为液压油）的流量、方向或压力的一种液压元件。此阀工作时，电-机械转换装置能够根据输入信号做出相应动作，使阀芯产生位移，从而使阀输出同输入信号成比例的

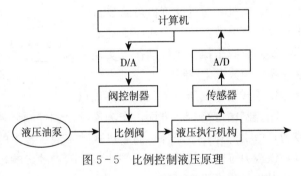

图5-5　比例控制液压原理

流量或压力。另外，阀芯位移还可以用液压、机械或电的形式来反馈，从而实现闭环控制。电液比例阀在工业生产中获得了广泛的应用，其工作原理如图5-5。

电液比例阀把液压传递能量大与电控灵活快速性两大优点集于一身，能够连续成比例地控制液压系统中执行元件的运动方向、速度和力，减少了液压控制系统中所用元件的数量。电液比例阀是在电液伺服技术的基础上，对伺服阀进行简化而发展起来的。电液比例阀与伺服阀相比虽在性能方面还有一定差距，但其抗污染能力强、结构简单、形式多样，制造和维护成本比伺服阀低。

在液压控制系统应用越来越广泛的今天，一个国家的电液比例技术发展程度将从一个侧面反映该国的液压工业技术水平。因此，各发达国家都非常重视发展电液比例技术。

（2）高速开关阀　高速开关阀又称脉宽调制式数字阀，可与计算机直接接口，由计算机直接进行控制。计算机内部是按二进制进行工作的，最普通的信号可量化为"开"和"关"两个等级。因此，只要能够通过计算机控制住这种阀的"开"与"关"以及开关时间比例，就能够达到控制液体流量、压力及方向的目的。脉宽调制式数字阀的阀芯多为锥形，可实现快速切换功能。

脉宽调制（PWM）技术在液压控制中的工作原理如图5-6。从控制原理可以看出脉宽调制PWM技术控制过程中无需D/A转换器，可由计算机直接进行控制。在流体动力系统中，根据产生PWM信号的硬件进行分类，有电路和射流逻辑回路两类；按PWM控制信号的产生方法进行分类，有模拟电路法、定时器数字I/O编程法和双稳射流振荡放大器法。

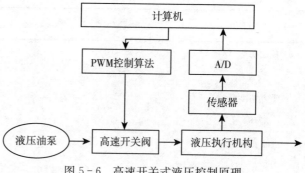

图5-6　高速开关式液压控制原理

（3）增量式数字阀　增量式控制元件的典型代表就是步进电机，增量式液压控制原理如图5-7，从图中可以看出增量式数字液压技术的驱动机构是步进电机，通过计算机可给步进电机直接发出数字信号，从而驱动液压控制阀或液压执行元件动作，实现液压系统的数字化控制。

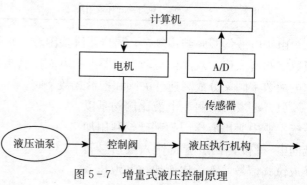

图5-7　增量式液压控制原理

增量式数字液压技术具有如下优点：

①控制精度高。一方面，作为连续比例控制元件的电-机械信号转换机构，比例电磁铁或力矩电机都存在着滞环，而步进式数字液压技术的步进电机不存在滞环；另一方面，比例电磁铁或力矩电机易受摩擦力等非线性因素的影响，而步进电机只要不发生丢步，其负载的变化对步长基本没有影响。

②抗干扰力强。步进电机的控制信号为数字脉冲，控制比例电磁铁或力矩电机的是电流信号，因此步进电机的控制信号具有更强的抗干扰能力，而且不受环境温度的影响。

③可以直接由数字信号控制。步进电机作为数控执行元件可以接收由计算机或单片机发出的数字信号，由数字信号直接控制，而无须D/A转换。

一般步进电机驱动电源主要由脉冲分配器和功率放大器电路两部分组成，其中脉冲分配器是由双稳态触发器和门电路组成的逻辑电路，它根据指令输入的电脉冲信号使步进电机各相绕组按一定的顺序和时间通电或断电，并控制步进电机的正转或反转。

5.3 液压油路组成

5.3.1 主油路调压子系统原理及组成

主油路调压子系统是DCT液压控制系统的主要组成之一，在DCT液压控制系统中，主油路调压子系统的主要作用为调节整个液压系统的压力，同时，在泵输出流量较大时，通过主阀将多余油液直接回油箱，提高 DCT 液压控制系统的效率，图 5-8 为主油路调压子系统职能符号图。

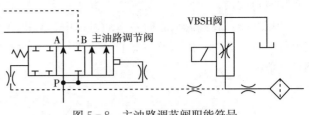

图 5-8　主油路调节阀职能符号

5.3.1.1　VBSH 阀工作原理

VBSH 阀的结构如图 5-9 所示，VBSH 阀在主油路调压子系统中作为一个流量阀对系统中的主油路调节阀进行控制，VBSH 阀与其前的固定液阻构成 B 型半桥，在本系统中作为压力调节阀的先导阀。VBSH 阀的输入口设置一个节流孔，输出口设置一个阻尼孔，其中节流孔的大小为 0.8mm，由于孔径较小，因此在入口处均有过滤器装置。

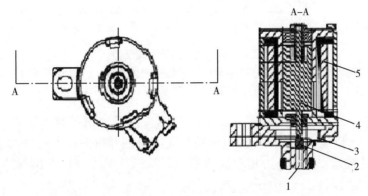

图 5-9　VBSH 阀结构原理

1. 进油口　2. 阀芯　3. 泄油口　4. 电磁铁铁芯　5. 电磁铁线圈

阀所受到的电磁力与弹簧的初始力相反，电磁力主要用于克服弹簧力，当阀的输入电流为零时，阀输出压力最大；输入电流最大时，阀的输出压力最小。并且由于 VBSH 弹簧刚度较大，阀工作时，弹簧被压缩量小，进而使输出压力与输入电流有较好的线性关系。

5.3.1.2　主油路调节阀工作原理

主油路调节阀结构如图 5-10 和图 5-11 所示，主要由阀芯、阀体、挡板以及弹簧组成，其中 P 口为主油路调节阀进油口，与齿轮泵相连，A 口与润滑调节阀进油口、冷却油路相连，B 口直接与泵的吸油口处相连，主油路调节阀控制压力油口与 VBSH 阀的控制油路相连。初始时，弹簧推动主油路调节阀处于左位工作状态，阀的 P 口与 A、B 口均不相通，P 口油液经阻尼孔 6 进入阀芯左腔。为了能更好地说明主油路调节阀的工作原理，将主油路调节阀与电磁阀 VBSH 联合起来共同分析。

在 P 口输入流量一定时，在 VBSH 阀未得电时，控制压力油口压力达到最大，此时作用在阀芯左端面的压力推动阀芯向左运动，在阀芯左端所受压力与右端所受压力及弹簧力相平衡时达到稳态，此时 P 口压力达到最高。通过增大 VBSH 阀的电流大小，减小阀芯左端的控制压力，进而降低 P 口压力。

从图 5-10 可以看出，主油路调节阀阀口 A 和阀口 B 具有不同的遮盖量，且阀口形状均采用三角阀口。因此，可实现连续调压和大流量工况向液压泵吸油口泄油的功能。

调压功能：在阀芯从右向左运动过程中，阀口 A 优先打开（下文称为优先阀口），且当其恰好完全打开时，阀口 B 开始打开（下文称为次开阀口），因此实现了主油路压力的连续调压功能。

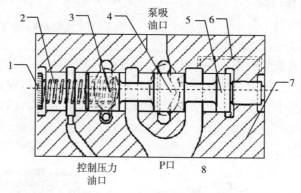

图 5-10 主油路调节阀结构

1. 挡板 2. 主压力调节阀控制弹簧 3. 主油路调节阀 A 口 4. 主油路调节阀 B 口
5. 阀芯 6. 阻尼孔 7. 阀体 8. 泄油口

优先阀口的下游连接一定负载，次开阀口则直接通向液压泵吸油口，其负载为零。当主油路调节阀入口流量较小时，通过调整优先阀口的开口面积（阀口的液阻），即可以建立起与 VBSH 阀输出控制压力相对应的压力。从图 5-11 可以看出阀芯运动及阀口开启情况。

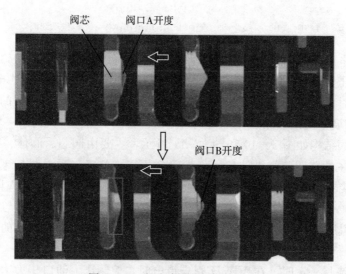

图 5-11 主油路调节阀三维模型

当主油路调节阀入口流量较大时，仅通过优先阀口建立起的较高压力会使阀芯继续向左移动，次开阀口打开，继续使压力降低，逐渐达到 VBSH 阀输出控制压力的对应压力。也就是说，随着流量的增加，该阀可自动实现将多余流量释放回液压泵入口的功能。

5.3.2　润滑调节子系统工作原理

　　润滑调节子系统主要对湿式离合器及变速齿轮等进行润滑，除此之外还起到变速箱油的温度调节作用。由于DCT在换挡过程中会出现离合器的滑摩，产生大量的热量，使得油液温度升高，降低油液的黏度，严重影响换挡质量。因此对于湿式双离合器变速器，需要对离合器进行专门的润滑，特别是在双离合器接合与分离的时候。图5-12所示为润滑调节子系统原理图。

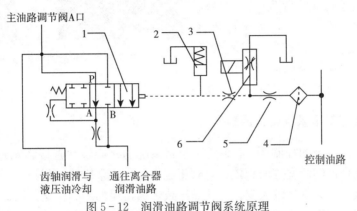

图5-12　润滑油路调节阀系统原理
1. 润滑调节阀　2. 滤波器　3. 阻尼孔1　4. 过滤器　5. 阻尼孔2　6. VBSH电磁阀

　　由图5-12可知，润滑油路调节阀有一个流量输入口P，两个流量输出口A（又称为第一阀口）和B（又称为第二阀口），一个VBSH控制油口。主要功能是对齿轴润滑和离合器润滑的流量进行分配，其分配流量源自主油路调节阀。其中，阀口A和阻尼孔串联，阀口B直接接离合器润滑油路。其工作原理是调节离合器润滑油路上的等效液阻大小，从而调节齿轴润滑和离合器润滑的流量分配。

　　润滑调节阀结构如图5-13所示，其主要由上阀板构成的阀体、阀芯、弹簧、挡块构成。其中P口经阻尼孔与主油路调节阀A口相连，润滑调节阀的第一阀口6及第二阀口7均通往离合器润滑油路，润滑调节阀阀芯左侧油液经阻尼口8与通往离合器润滑的第一阀口相连。润滑调节阀的先导级VBSH阀在未得电时，右端控制压力油口最大，此时，润滑调节阀处于右位工作状态，第一阀口、第二阀口均开至最大，但由于第二阀口至离合器的液阻小，油液全从第二阀口流走。当控制电流增加时，右腔控制压力减小，阀芯向右移动，当至第二阀口关闭时，油液经第一阀口通往离合

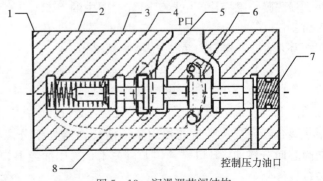

图5-13　润滑调节阀结构
1. 阀体　2. 润滑调节阀弹簧　3. 阀芯　4. 泄油口
5. 润滑调节阀第一阀口A口　6. 润滑调节阀第二阀口
7. 挡块　8. 阻尼孔

器，由于第一阀口采用三角形节流口，故可以实现对通过其流量实现连续大范围的调节。通过采用第一、第二阀口形式，可以实现在系统出现故障、导致 VBSH 阀不得电时，离合器始终获得最大的润滑流量；在正常工作时，根据离合器需要自动调节第一阀口开口大小，仅输出满足离合器润滑需要的流量，提高了系统的工作效率，降低了能耗。

离合器润滑调节阀的三维模型，其阀芯的移动过程如图 5-14 所示，由图可知，当阀芯从右向左移动过程中，第一阀口优先打开，对流量进行连续调节；随后继续移动过程中，第一阀口有一段完全打开的过程，因此流量变化缓慢；当第二阀口打开后，对离合器润滑油路的流量不再具有流量调节功能，离合器的润滑以最大流量进行。

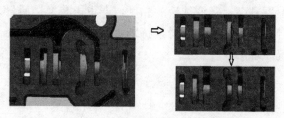

图 5-14　润滑油路阀芯移动过程

5.3.3　离合器控制子系统工作原理

对湿式离合器接合的控制是 DCT 液压控制系统的核心，其直接影响汽车的动力性能。通常用于控制离合器的活塞缸面积较大，对于压力变化非常敏感，很小的压力波动会使得离合器片之间接合压力发生较大变化，从而导致传递扭矩的剧烈变化。因此对于离合器控制阀，要求其精度高、压力稳定性好、响应快。

作为离合器的压力控制阀，VFS 阀具有较高的控制特性要求（压力控制精度高、响应速度高、控制稳定性好）。

图 5-15 表示了 VFS 阀在阀体中的安装底板结构和油口分布情况。油液从 1 口流入 VFS 阀，经 2、3 流出，且通过 4、5 接滤波器，以减小压力冲击。6、7、8 则是预留固定所用的螺纹孔。

VFS 阀结构如图 5-16 所示，主要由支架、外壳、绕线组、绕线管、阀体、阀芯、弹簧、底堵、横膈膜、磁极片、电枢等组成。图中的 P 口、A 口、B 口分别对应于图 5-15 中的 1、2、3 孔，P 口为进油口，与 DCT 的液压控制油路相连；A、B 口相通，共同与湿式离合器的控制活塞腔相连，T 口与油箱相连。在电磁铁未得电时，弹簧推动阀芯至右端，阀工作在左位，此时 A、B 口与 T 口相连，即离合器活塞缸 T 口相通，湿式离合器在复位弹簧的作用下，使离合器处于分离状态。在电磁铁得电时，电磁力推动阀芯向右移动，B 口打开，T 口关闭，高压油经 B 口进入离合器的活塞缸，推动离合器接合。

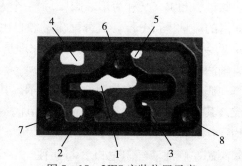

图 5-15　VFS 安装位置示意
1. VFS 阀入口　2、3. VFS 阀出口
4、5. VFS 接储能器口　6、7、8. VFS 安装螺纹孔

由图 5-16 可知，阀体为二位三通结构，输出压力经内部通道进入阀芯两侧的控制腔，该阀具有更快的响应速度。

VFS 阀的三维结构如图 5-17 所示，由电磁铁 1、主阀 4、压力传感器等组成，压力传

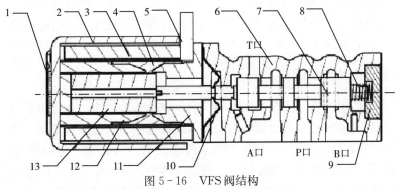

图 5-16　VFS 阀结构

1. 支架　2. 外壳　3. 绕线组　4. 直线管　5. 绕线管　6.VFS 阀阀体
7. 阀芯　8.VFS 阀控制弹簧　9. 底堵　10. 横隔膜　11. 磁极片　12. 胀管　13. 电枢

感器采集数据传送至 TCU，可实现对该阀输出压力的精确控制。

　　以上对离合器液压控制系统各子系统的工作原理及各系统的组成元件进行了详细分析，但要找出影响系统性能的关键因子，则需要对其建立数学模型。

图 5-17　VFS 三维结构
1. 电磁铁　2. 电磁铁接口
3. VFS 阀压力传感器　4. VFS 主阀

5.4 离合器和换挡油路控制

5.4.1 离合器控制过程分析

　　变速器换挡时，一个离合器分离，而另外一个离合器接合。为了能够平稳换挡和确保动力换挡功率的不中断，离合器的分离与接合应有段时间是重叠的，所以对应分离和接合的离合器油缸特性也应该有重叠，称为换挡重叠。

　　换挡重叠按照其合理性可以分为重叠不足、重叠合适和重叠太多 3 种，如图 5-18 所示。

　　(1) 重叠不足　如图 5-18 中交点在 1、2 之间的虚线所示，由于所传递的动力会急剧减小，发动机会发生空转现象，从而导致发动机输出扭矩大幅度波动，扭矩的冲击度大，破坏车辆的加速性。

　　(2) 重叠合适　如图 5-18 实线所示，在 2 这点接合离合器，发动机的动力传递不会发生中断，发动机转速可

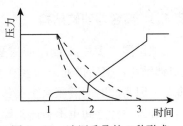

图 5-18　油压重叠的 3 种形式

以平稳变化，扭矩的冲击度小，同时离合器的滑摩功也较小。

　　(3) 重叠太多　如图 5-18 所示交点在 2、3 之间的虚线所示，离合器片长时间处于滑摩状态，磨损严重，同时严重地消耗发动机的功率，会使发动机的转速急剧下降，同时破坏燃油经济性。

两个油缸的油压增减规律与起作用的初始时间决定了离合器油缸的换挡重叠，这是由系统的调节和油缸结构所决定的。为了使其换挡重叠过程能够优化，需精确控制离合器接合与分离时的油压大小，使其能够以离合器的接合与分离规律为依据实现其精确变化。

5.4.2 离合器压力控制

实现换挡过程的关键就是离合器压力的控制，它也是提高换挡品质和不同换挡特性实现的主要方式。换挡时的转矩是离合器通过摩擦力进行传递的，摩擦力矩除了与一些结构参数有关外，主要还与两个因素有关：压紧油压和摩擦系数，且在接合过程中这两因素是变化的。在换挡过程中，可以利用缓冲控制装置对油压进行调节，使一定时间内的充油油压缓慢上升，在换挡时既要防止摩擦力矩快速增加，又要对变速箱的输出轴转矩进行限制避免发生扰动，尽量使换挡时间变短。同时，压力控制装置还要能够准确地实现所制定的油压特性，以保证换挡品质。

在往离合器油缸中充油时，其压力会发生变化，如图 5-19 所示，主要的变化阶段分为以下 4 种。

（1）开始充油阶段（线段 1～2） 向液压缸和油道里充油。当油道接通后，此时间段短，油压低。

（2）开始升压阶段（线段 2～3） 当液压缸的剩余空间完成充油后，油压开始上升，直到回位弹簧开始被活塞压缩停止，这一过程的时间可以被忽略，因为它一般在瞬时就完成。

（3）自由行程阶段（线段 3～4） 活塞的移动从弹簧张力被克服开始，直至摩擦片的间隙被消除，此阶段没有太大的压力变化，时间的确定取决于供油量和相应容积的大小。

（4）升压接合阶段（线段 4～5） 活塞的移动停止，油压持续升高，摩擦片慢慢被压紧，直至最后闭锁成一体，结合完成。此阶段是一个动态升压的过程，也是控制换挡品质的重点过程，最后经常会有摩擦转矩超调出现。

如果能将其调制成如图 5-19 虚线所示，则可使升压速度降低，防止最后的摩擦转矩超调和油压出现，使转矩的扰动降低。

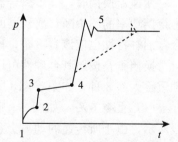

图 5-19 充油过程中压力的变化

5.4.3 离合器油缸结构

典型湿式多片离合器的主要部件是摩擦片，与隔离片（对偶钢片）交错排列。活塞在离合器分离时对钢片不产生推力，因为此时的液压系统不给活塞提供压力，除此之外隔离片和摩擦片之间也不会产生摩擦力，有的只是相对滑转。在离合器初始接合阶段，液压系统开始起作用，一定压强的液压油经油道输出，离合器开始对润滑油膜的液力摩擦进行封闭，随着活塞进一步被液压油推动，固体摩擦的混合摩擦与摩擦片和隔离片滑膜阶段的液力摩擦，最后离合器进入闭合阶段，此时摩擦片和隔离片之间有广泛的固体摩擦发生，离合器完成接合。

本章所采用的离合器采用弹片形式，改进了其复位装置，未受油压情况下离合器处于分离状态。在高频率长时间使用的情况下传统弹簧复位方式会使弹簧发生变形，活塞受弹力不均匀，易在油缸中卡死，控制不准确，从而影响自动变速器的性能。本章采用的弹片形式能将复位弹力分散到每组摩擦片间，即使某个小弹片出现失效也不会对离合器的离合产生影响。最后设计出的离合器结构如图5-20所示。

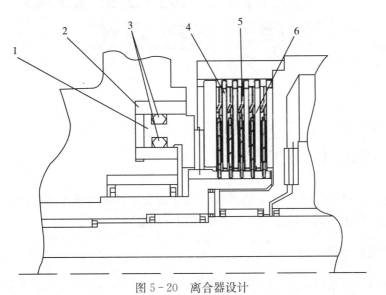

图5-20　离合器设计

1.活塞　2.油缸　3.密封件　4.外摩擦片（钢片）　5.簧片　6.内摩擦片

5.4.4　离合器油路控制

安全阀的位置位于主油路调压阀和离合器控制阀之间，从油泵过来液压油经过主油路调压阀的压力调节后，经过安全阀的调压控制后，最后来到离合器控制阀，离合器控制离合器的通断，离合器控制油路就是这样的。对于离合器 C1 来说，压力油经过 C1 的安全滑阀，再经过 C1 的压力控制阀，才使压力油进入离合器 C1 的工作油腔。在离合器控制油路中，油路的压力首先经过安全滑阀进行调节，安全滑阀阀芯的移动又受到安全阀的调节控制。

液压油经过安全滑阀后，不能直接进入离合器工作油腔，在进入工作腔之前还得经过离合器压力控制阀的调节，离合器的工作油压就相当于经过了两级调压。离合器油路系统中还有一个传感器，这个传感器就是离合器压力传感器，压力传感器当检测到油压不正常时，就会及时将信号传给电控单元，电控单元会及时对系统油压进行及时调整。这两个离合器工作时没有联系的。这种设计有一个好处，当任一离合器有故障，不会影响另一离合器。

5.4.5　换挡油路控制分析

换挡机构中的液压油两个阀，主油路过来的液压油第一步是经由安全阀进行调节，第二步是到达多路换挡阀，最后到达换挡机构，这就是换挡控制的油路。油路中油压只经过了安全滑阀的一级调控，调控后的压力油才能送到换挡控制阀，油路中有 4 个换挡控制阀，每个换挡控制阀控制两个挡位。多路换挡阀芯用于切换不同的挡位。

第6章 拖拉机双离合器自动变速器电控系统

6.1 电控系统组成及工作原理

基于变速器的机械本体，DCT 需要实现离合器及换挡机构操作的自动化。根据控制系统执行机构动力源的不同，可分为电控液动式和电控电动式。

6.1.1 电子控制单元概述

双离合器自动变速器电子控制单元通过采集节气门开度、车速、发动机转速、离合器从动盘转速等输入信号，获知汽车的当前运行状态，经过计算、分析，并根据一定的换挡规律判断换挡时刻，向电磁阀、电机等执行器件输出控制信号，从而使离合器、选换挡机构等执行相应的动作，实现自动变速的综合控制。本系统以 16 位微处理器 MC9S12DT256B 为核心，由最小系统、电源模块、输入信号通道、输出信号通道、CAN 总线通信模块等组成，其硬件结构组成如图 6-1 所示。

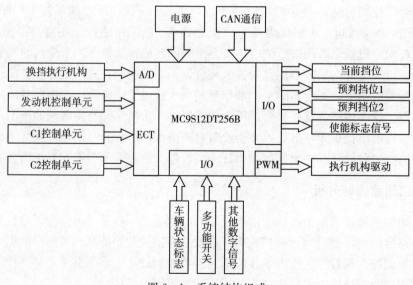

图 6-1 系统结构组成

6.1.2 双离合器自动变速器液动式

液动式 DCT 液动式执行器通过油道压力的精确控制，实现离合器的分离与接合，其自动换挡机构也往往采用液压控制方式，利用电磁阀来控制液压换挡机构。这样，液压能源一方面可以驱动双离合器和换挡执行机构，另一方面还可以为湿式离合器提供冷却油源，提高了系统的集成度。

集成控制模块由电子控制单元、传感器（表 6-1）、电磁阀（表 6-2）、液压回路（图 6-2）等组成。该模块集成了所有传感器信号和其他控制器信号（CAN），通过电子控制单元的计算和分析，向如图 6-3 所示的各个挡位调节阀、压力调节阀、安全阀等发出控制信号，实现离合器与换挡机构的正确动作。

表 6-1 湿式 DCT 的传感器组成

编号	功能定义	信号特性	数量
1	变速器输入轴转速传感器	脉冲量	1
2	变速器输出轴转速传感器	脉冲量	2
3	离合器从动盘转速传感器	脉冲量	2
4	离合器油温传感器	模拟量	2
5	离合器压力传感器	模拟量	2
6	控制器温度传感器	模拟量	1
7	方向盘换挡开关	开关量	2
8	挡位传感器	开关量	4

表 6-2 湿式 DCT 的电磁阀组成

编号	功能定义	类型	数量
1	挡位切换阀	开关阀	4
2	多路调节阀	开关阀	1
3	离合器控制阀	PWM 阀	2
4	主油道压力控制阀	PWM 阀	1
5	冷却液调节阀	PWM 阀	1
6	安全阀	PWM 阀	2

电液式集成控制系统的可靠性高，刚度大，受负载的影响小，而且配合湿式离合器可以传递较大扭矩，但其液压系统需要专门的油泵和蓄压器，造成了发动机功率的部分损耗。为了防止液压油被污染，密封要求非常严格，提高了液压元件的制造精度要求。此外，温度变化对液压油工作性能也具有较大影响。

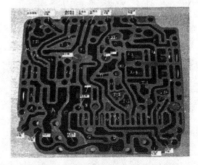

图 6-2 DCT 控制液压回路

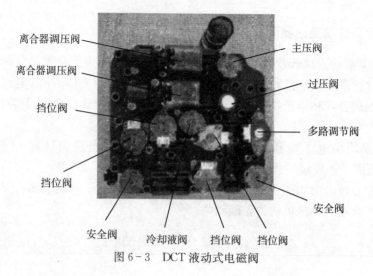

离合器调压阀　　　　　　　主压阀
离合器调压阀　　　　　　　过压阀
挡位阀　　　　　　　　　　多路调节阀
挡位阀　　　　　　　　　　安全阀
安全阀　冷却液阀　挡位阀　挡位阀

图 6-3　DCT 液动式电磁阀

6.1.3　双离合器自动变速器电动式

电动式 DCT 是电控电动式执行机构应用于干式离合器的 DCT，它由离合器执行模块和换挡执行模块组成。换挡执行模块包括两个电机，一个用于选挡，另一个用于换挡。两者需要利用挡位识别传感器，即通过识别电机的位置确定当前车辆行驶所在的挡位。该系统可以实现任何序列的挡位变化，甚至包括跳挡。同时，两个电机的驱动执行器也被集成在该系统中，从而减少了控制线路的连接，提高了系统的可靠性。在该模块中，换挡拨叉一方面绕自身轴线转动，同时又沿着轴线方向直线运动。两种运动方式分别由两个直流电机驱动，通过对两个电机的精确控制，实现选挡过程与换挡过程的自动化，并保证一定的舒适性。离合器执行模块主要由转速传感器、电机及机械连接机构组成。通过计算离合器主、从动部分的转速差，对电机进行转速及转向的控制，实现两个离合器的分离与接合。

6.2　电控系统传感器

传感器选择时，要考虑其精度和数量对控制系统的性能影响。传感器性能越好，输入到控制器的信息量越大越准确，控制效果也越好。但作为试验产品，需考虑到成本、安装空间和不破坏原系统整体等因素。

对于车用传感器还有以下要求：

①检测精度高、速度快。

②有较好的环境适应性。由于汽车工作环境温度变化大（40~80℃），道路表面好坏相差也很大，甚至要在烈日、暴雨、泥泞等恶劣的条件下连续工作，与一般传感器相比，其耐恶劣环境的指标要高得多。

③可靠性高。

6.2.1　换挡传感器模块

换挡传感器部件为自动变速箱控制系统提供主要的挡位信号信息，包含 6 个挡位信息：

A/M、UP（＋）、Release、Down（－）、Neutral（N）、Reverse。如图6-4所示。

其处理电路如图6-5所示，具有以下功能：

①具有短路到地、短路到电源的保护。

②具有ESD、EMC的保护。

③离散输入结构（表6-3）。

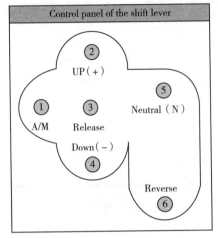

图6-4　换挡传感器挡位信息

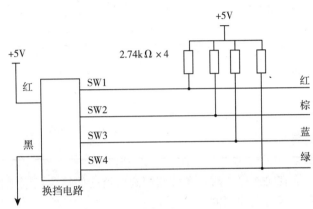

图6-5　挡位传感器输入信号处理电路

挡位传感器输出编码信号，表示不同挡位信息，增强了信号的抗干扰性能。当某一路信号受到暂时的干扰，系统可以及时识别错误信息，避免错误判断驾驶员的意图。

表6-3　挡位传感器输入信号接口及特征

名称	Pin号码	EMC电容/nF	上阻尼/kΩ	下阻尼/Ω	电阻/kΩ	滤波电容/nF	输入信号的工作电压/V		电压限制/V	
							低	高	min	max
IAG	32	4.7	2.15		14.7	33	0	5	−1	VB+1
IAS1	50	4.7	2.74		14.7	33	0	5	−1	VB+1
IAS2	29	4.7	2.74		14.7	33	0	5	−1	VB+1
IAS3	56	4.7	2.74		14.7	33	0	5	−1	VB+1

6.2.2　电机位置传感器功能

准确找到离合器起始接合点位置是关键中的关键，尤其在使用中，离合器摩擦片磨损还会使起始接合点位置发生改变，以及车辆行驶过程中温度变化带来的影响。这都会影响对离合器的接合控制，因为在离合器的接合过程中，从完全分离到起始接合点位置，其接合速度较快；而从起始接合点位置到完全接合位置，其接合速度有一个从慢到快的变化过程。采用的方法是测定变速器输入轴转速（即离合器从动盘转速），根据此转速的变化来判断是否达到接合点位置。

该方法的基本过程是：在进行离合器接合点位置搜寻测定时，让发动机节气门开度保持不变且使汽车处于停车状态。当离合器主、从动盘相接触时，原来平稳运转的发动机会因受到突加载荷的影响而降低转速，但转速的下降程度与接合器关系很大。因此，可以根据发动机转速下降的情况以及离合器接合起始速度来判断离合器起始接合点位置，如表6-4所示。

表6-4　挡位传感器信号的编码真实值

位置	输出信号的逻辑电平			
	SW1 （红/黑）	SW2 （棕）	SW3 （蓝）	SW4 （绿）
1	0	1	1	0
2	0	0	1	1
3	0	1	0	1
4	1	0	1	0
5	1	0	0	1
6	1	1	0	0

在每次停车时，系统调用离合器起始接合点测试程序，自动测试出起始接合点位置，实现了接合点控制的自适应性。

在离合器的控制中，既要减少离合器接合过程的冲击度，使汽车起步平稳，乘坐舒适，又要减少摩擦功，延长离合器使用寿命。这就要使离合器完成"快—慢—快"的接合规律。

"快接合"在离合器分离状态下，使其快速接合到"半接合"点。在保障速度的前提下，要精确控制离合器的停止位置，不能冲过"半接合"点，这样容易造成拖拉机熄火，不能离"半接合"点过远，这样容易造成发动机"哄油"，其速度曲线完成了阶梯曲线。

"慢接合"要根据油门、发动机转速、车速等信息对离合器的接合量和接合速度进行综合控制。这是起步过程的关键，它直接影响到汽车起步品质。当发动机转速与从动轴转速一致时，完成了慢接合过程。

在"慢接合"之后，需要一个"快接合"的动作，以使离合器彻底接合，增加车辆行驶的动力性。由于从动轴已具有了一定的转速，接合速度不再对车辆的冲击性造成影响，所以要完成一个快接合的动作。

在AMT控制系统中，确定电机的位置并控制电机将变速箱调整到准确挡位一直是核心技术。

6.2.3　速度传感器

自动变速箱控制系统选用的速度传感器为感应式传感器，其处理电路如图6-6所示。信号频率为5～5 000Hz，传感器内阻为850Ω，电感为700mH。它可以精确识别200～7 000r/min的发动机转速，在此工作范围，传感器输出电压为200mV～22V，处理

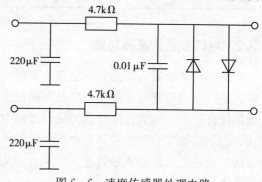

图6-6　速度传感器处理电路

电路需要正确处理此信号并将信息反馈给控制器。

6.2.4 控制器内部温度监测模块

为了监测 CPU 周围温度，在单片机控制器旁边放置一个温度传感器，其温度测量范围为 $-60\sim150℃$，以实现在恶劣高温工况下可以及时中断电机驱动，保护自动变速箱控制器的目的，其处理电路如图 6-7 所示。

6.2.5 自动变速箱系统的传感器

自动变速箱控制的目标是不但要提高换挡过程中离合器接合的平稳性，减少离合器滑摩，延长离合器使用寿命，而且要保证发动机稳定运转，减小发动机转速的波动。离合器控制就是以冲击度为约束的使滑摩功最小的最优控制问题，本章设计介绍了合理的选挡执行机构，选用了和 AMT 匹配的传感器和执行器。

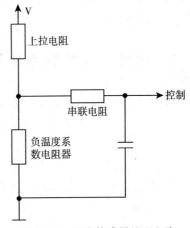

图 6-7　温度传感器处理电路

本部分介绍了自动变速箱系统所选用的传感器和执行器，以及各个传感器和执行器在整个系统中建议安装的位置和线束的布置要求。

（1）速度传感器　其接口及特征如表 6-5 所示。

表 6-5　速度传感器接口及特征

PIN	信号名称	TCU PIN	信号描述	截面积/mm²
1	1_F_INPUT SPEEDA INPUT SPEED SENSOR+	43	输入速度传感器的源（5V）	0.5
2	1_F_INPUT SPEEDA INPUT SPEED SENSOR	44	输入速度传感器接地（Gnd）	0.5
shield	G_R_SENS OR4 INPUT SPEED SHIELD	25	输入转速传感器保护	0.5

（2）变速箱温度传感器　其电路特性及接口和特征如表 6-6 和表 6-7 所示。

表 6-6　温度传感器电路特性

Description	PIN	EMC Cap	Pull up R	Pull down R	Serial R	Filter Cap	输入信号的运算阈值	
							低电平	高电平
Ambient			5V 电压对应 46.4kΩ（1%）	NTC Resistor	14.7kΩ	33nF	0V	5V

表 6-7　温度传感器接口及特征

PIN	信号名称	信号名称	TCU PIN	信号特征	截面积/mm²
1	I_A_GT	油温传感器+	32	齿轮温度传感器源（5V）	0.5
2	G_R_SENS OR5	油温传感器	27	齿轮温度传感器接地（GND）	0.5

本节介绍的数据采集系统的信号，是由传感器采集得到并发送的，传感器是数据采集系

统的源头。传感器选择正确与否将对数据采集和以后的分析工作产生重要影响。由于数据采集系统的信号也提供给 DCT 电控单元使用，所以传感器的选择要兼顾 DCT 控制系统和数据采集系统的要求，进行综合考虑。

6.3 电控系统控制方法及硬件设计

双离合器自动变速器在本质上是基于手动变速器和电控机械式自动变速器发展起来的，其机械部分与传统的手动变速器差别不大，特别是齿轮组、同步器等部件的设计及制造工艺可以参照手动变速器。因此，如何实现换挡过程的有效控制是双离合器自动变速器开发工作的核心。其中，换挡规律及同步器控制规律的设计和双离合器的精确控制是双离合器自动变速器控制系统的关键技术，对整车的动力性、燃油经济性和舒适性具有重要影响。

6.3.1 换挡规律及同步器控制规律的设计

换挡规律决定了换挡控制参数和换挡时刻，它直接影响车辆的燃油经济性、动力性及乘坐舒适性，是 DCT 控制策略的主要内容。换挡规律设计的目标是获得一种操纵灵活、安全可靠、动力性能佳和经济性能好的换挡规律，但这些指标往往互相冲突，如何在各个性能之间取得较好的平衡，就成为控制策略研究中的难点。

传统的换挡规律，通常是基于发动机试验数据，利用插值法、神经网络等系统辨识方法，建立发动机模型，然后在动力性和经济性约束条件下，利用图解法或解析法，获取最佳动力性或经济性换挡规律。最早使用单参数换挡规律，即以车速作为换挡决策的依据，由于不考虑节气门开度，无法满足驾驶员的主观要求，目前应用较少。当前广泛采用的是以车速和油门作为控制参数的两参数换挡规律，与单参数相比，整车的动力性、经济性和换挡品质有了较大的提高。

目前研究的重点是智能换挡规律，即基于传统的换挡规律，参考优秀驾驶员的操纵经验，综合考虑驾驶员类型、驾驶员意图、行驶环境和汽车的行驶状态，利用模糊控制和神经网络技术等智能控制技术，获得一个可使动力性、燃油经济性、废气排放和其他性能达到综合最优且符合驾驶员意愿的换挡规律。它不仅提高了车辆在爬坡、转弯等特定路面情况下的换挡品质，而且充分利用了传统换挡规律在常规较理想路面情况时的优势，是换挡规律研究和应用的方向。为了充分利用双离合器自动变速器的特点，获取较好的整车性能，需要在充分研究各种换挡规律的基础上，使智能换挡规律在不同行驶环境、驾驶员操纵意愿及车辆行驶状态参数下进行试验验证，为 DCT 控制策略的制订奠定基础。

同步器控制的目标是在可确定相应功能下，尽量减少同步器分离、接合的次数。由 DCT 工作原理可知，DCT 采用预先接合同步器的方法。由于车辆行驶过程中速度变化范围比较大，如果换挡结束后依据车辆的运动趋势立即接合下一挡位同步器的策略，必然会导致同步器的频繁接合，不但会引起瞬时冲击，而且会影响同步器的使用寿命。为了避免同步器的频繁接合，需要设计各挡同步器的控制规律。在此基础上应根据车辆不同行驶工况，自适应地确定出同步器的具体控制方式。

6.3.2　双离合器的精确控制

双离合器自动变速器的自动换挡是通过两个离合器的切换来实现的，换挡过程中两个离合器的协调控制直接影响换挡品质。换挡品质研究的目标是缩短换挡时间，且使换挡过程中的冲击度和滑摩功符合要求。双离合器自动变速器属于有级式变速器，换挡过程中传动比的变化必然会产生换挡前后驱动转矩的改变，使传动系产生不同程度的换挡冲击。由于双离合器自动变速器中没有 AT 中的液力传动系统，无法缓冲换挡过程中的瞬间冲击，这对换挡舒适性具有很大影响。虽然双离合器以其独特的结构，采用预先换挡的方法，消除了 AMT 换挡过程中的动力中断，使换挡品质有了很大的提高，但作为纯机械传动系统，为了合理控制换挡冲击度和滑摩功，优化换挡品质，在换挡过程中优化离合器控制规律，合理地实现两个离合器的切换，精确地控制离合器的接合与分离，仍是 DCT 控制中的技术难点。

在电控液动 DCT 的换挡过程中，各电磁阀占空比数值的大小决定着离合器分离或接合的快慢程度，而在纯电动 DCT 的换挡过程中，离合器分离或接合的快慢程度，由驱动电机的电压方向、占空比或运转时间的数值决定。因此，应以直流电机电压的方向、占空比或运转时间为研究对象，对比、分析不同控制指令时的换挡品质，考虑离合器磨损等因素对换挡品质的影响，对控制指令进行补偿，最终得到满足换挡品质要求的电机控制指令数值表。

除了对两个离合器直接控制，还需要基于 CAN 总线进行动力传动系的综合控制，根据发动机电子控制单元和变速器电子控制单元之间信息的共享，通过发动机的供油控制，使发动机在换挡过程中有效地配合离合器动作，缩短换挡的时间，优化换挡品质。应该考虑离合器的执行机构、电子油门的执行电机和各传感器对控制指令的滞后情况，制定并优化各控制指令发出的时序，合理制定每个挡位升、降过程中的电机控制指令数值表，实现双离合器与发动机的综合控制。

6.3.3　传统电子控制单元开发流程

对于现代拖拉机产品，电控系统在车辆舒适、安全及环保等方面起着至关重要的作用。各类电子控制系统的应用体现了当前拖拉机技术的最新发展状况。在拖拉机电子领域，传统的电子控制单元（ECU）开发流程如图 6 - 8 所示。

这种开发流程首先用文字说明的方式定义需求和设计目标，然后根据开发经验提出系统的结构，由硬件人员设计并制造硬件电路，并由控制工程师设计控制方案，将控制规律用方程的形式描述出来，再由软件人员采用手工编程的方式实现控制规律，最后由系统工程师或电子专家将代码集成于硬件电路中，并对系统进行测试。

在传统的 ECU 开发流程中，设计初期工程师无法很好地掌握控制对象的特性，对控制规律或控制效果还没有把握的情况下，硬件电路已经制造，增加了产品开发的风险。在开发后期，如果产品测试过程中出现问题，很难确定是控制策略不理想还是软件代码有错误，同时手工编程占用大量的时间，控制策略设计完成后需要等待很长时间才能对其进行验证和测试。此外，由于产品测试过程中涉及的部门太多，容易引起管理协调问题，影响产品的开发效率。

随着 ECU 的功能不断增强，油耗要求与排放标准的提高，以及自动诊断系统的完善使开发更加复杂，而开发周期却不断缩短，开发工程师所面临的压力也越来越大。为了达到新标准，新型的传感器、执行机构、智能算法被不断应用于新的 ECU 开发中。实践证明，传统的依靠人工编程、大量实验验证的设计流程已经无法满足当前汽车电子产品的开发需求。

6.3.4 现代电子控制单元开发流程

现代 ECU 开发流程采用计算机辅助工具，可以支持从需求定义直到最终产品的全过程，用集成一体化的开发环境高效地完成开发与测试工作。当前普遍采用的是如图 6-9 所示的 V 模式开发流程：离线功能仿真快速控制原型自动代码生成硬件在环仿真参数标定。

按照 V 模式开发流程，工程师首先利用 Matlab/Simulink 等工具进行系统建模和控制算法设计，实现离线功能仿真，然后利用 Matlab RTW Build 工具自动生成运算 C 代码，并由 xPC、dSPACE 等进行编译连接，将生成的可执行代码下载到 MicroAutoBox 或 AutoBox 中实现控制算法的硬件在环仿真，以验证控制算法的合理性和精确性，最后把经过硬件在环仿真验证过的控制代码下载到控制系统硬件中，进行系统调试、检测及实车标定。

6.3.5 基于 V 模式的 DCT 控制系统开发

在 DCT 控制系统的开发中，我们按照 V 模式的开发流程，遵循最新的系统仿真理念，利用必要的仿真工具，在完成控制原型快速开发的基础上，进行基于目标控制器的双离合器自动变速器控制系统快速开发。

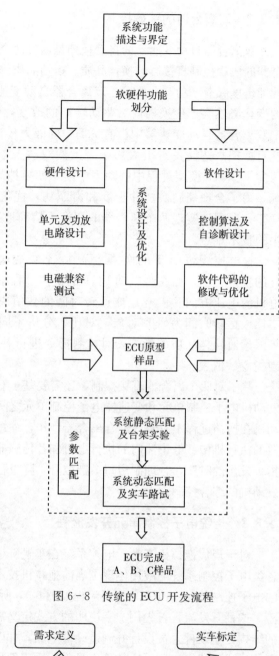

图 6-8　传统的 ECU 开发流程

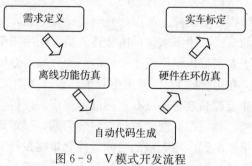

图 6-9　V 模式开发流程

（1）功能设计和离线仿真　在拖拉机电子领域，功能设计与离线仿真阶段的主流工具平台是 Mathworks 公司的 Matlab 软件。Matlab 中的 Simulink、Stateflow 模块以及大量的控制算法和信号处理工具箱，提供了一个完整的汽车电控系统设计环境。利用这些模块，可以在计算机中运行 DCT 控制系统的算法框图与状态流程图，描述系统的需求和设计，完整地定义 ECU 的功能，同时建立双离合器自动变速器动力传动系统的数学模型，利用辅助软件的仿真和分析功能，对整个换挡过程的动态特性进行离线仿真和分析，实现控制策略的设计和优化，确定设计的可行性和参数的范围。这种直观的带参数的框图降低了文字说明的不准确性，减少了理解性的错误。

此外，Matlab 环境还提供了对 V 模式开发中后面几个阶段的支持，在此平台上进行的设计可以过渡到以后的阶段。很多特定的专业工具都提供了标准的接口，可以与 Matlab 软件实现无缝连接。

（2）快速控制原型　完成方案设计，就可以利用计算机工具将控制方案框图自动转换为代码并下载到通用硬件开发平台上，从而快速实现 ECU 的原型样机，包括各种 I/O、软件及硬件中断等实时特性，以进行 DCT 控制系统的实时仿真。

借助 Real-Time Workshop（RTW）工具箱，我们将功能设计阶段形成的图形化语言转化为可执行的代码语言，在各种类型的 I/O 设备（包括 PCI 和 ISA 以及 RS232 等）基础上，组成 xPC Target 体系结构的实时仿真系统。

（3）硬件在环仿真　在快速控制原型的基础上，通过代码生成和硬件制作，形成 ECU 样件。基于 xPC 目标工作环境，利用工控机、通信板卡、ECU 样件、执行机构等软硬件，建立半实物仿真实验台。对于 ECU 的被控对象（即双离合器自动变速器）和汽车运行环境，一部分采用实时数字模型来模拟，一部分采用实际的物体，嵌入真实的 ECU，通过硬件在环仿真，特别是故障和极限条件下的测试，可以发现并解决数字仿真无法解决的问题，进一步优化控制参数，检验实际控制效果，使之更加接近实车试验。从而在最终实现控制方案之前，对整个控制系统有足够的认识和把握，避免开发后期过多的资源浪费和时间消耗。

6.3.6　电子控制单元的硬件设计

6.3.6.1　微控制器选型

电子控制单元是离合器自动变速器控制系统的核心，而微控制器（MCU）又是电子控制单元的关键器件。微控制器的性能在一定程度上决定了整个 DCT 控制系统的控制效果。对于 DCT 控制系统而言，所选择的微控制器应满足以下几个要求：

（1）运行速度及计算能力　在换挡过程中，双离合器自动变速器对控制系统的运算速度具有较高的要求。为了确保动力不中断，两个离合器的分离与接合动作必须在几百毫秒内完成，此微控制器需要在毫秒级的周期内完成参数运算和逻辑判断。为了保证系统的实时性和运算精度，应选择 16 位或 32 位 CPU 作为控制系统的核心处理器。

（2）输入/输出通道的数量　双离合器自动变速器控制系统中，需要采集车速、发动机转速、两个离合器从动盘转速、节气门开度以及多功能开关状态等多个输入信号，同时需要通过各输出通道向执行器件以及上位机输出控制信号，这就需要微处理器具有足够的频率采集、A/D、I/O 等输入/输出通道。

（3）内部集成的资源　除了充足的外部接口，微处理器应集成丰富的硬件资源，包括 ROM、RAM、Flash、定时器、SCL、CAN 等，从而避免使用外部扩展，提高系统的集成度和可靠性，提高系统开发效率。

基于以上考虑，结合系统的设计要求，本系统采用 Freescale 公司的 16 位单片机 MC9S12DT256B 芯片作为中央处理器。MC9S12DT256B 是基于 16 位 HCSL2 内核及 $0.25\mu m$ 技术的高速、高性能的 5.0V Flash 存储器产品中的中档芯片。该芯片以其较高的性能价格比在中高档汽车电子控制系统中得到广泛的应用。MC9S12DT256B 的主频高达 25MHz，同时片上还集成了许多外围模块，包括 2 个异步串行通信口 SCI、3 个同步串行通信口 SPI、8 通道输入捕捉/输出比较定时器 ECT、2 个 10 位 8 通道 A/D 转换模块、1 个 8 通道脉宽调制模块 PWM、49 个独立数字 I/O（其中 20 个具有外部中断及唤醒功能）、兼容 CAN2.0A/B 协议的 5 个 CAN 模块以及一个内部 IC 总线模块，片内拥有 256KB 的 Flash、12KB 的 RAM、4KB 的 EEPROM。

6.3.6.2　最小系统设计

目前的单片机产品一般都采用贴片封装的形式，仿真很难直接与目标板上的表面贴片焊盘相连，因此很多情况下仿真器难以发挥作用。随着 Flash 技术的发展，许多单片机应用系统的开发不再依赖仿真器。对于控制器而言，直接设计目标板有一定的难度，所以有必要先设计一个最小系统，将单片机所有 I/O 引脚都引出到一个插座上，最小系统板可以像一个双列直插的器件插在目标板上。这样一旦单片机本身出现问题或损坏，就可以很方便地更换最小系统而不影响目标板的其他部分。

为了使单片机正常工作，需要在其外部设计相应的时钟电路、复位电路以及用于程序调试的接口电路。对于时钟电路，主要由石英晶体振荡器和一些电容、电阻组成，虽然简单的单片机可以由集成在单片机内部的 RC 振荡电路产生单片机工作所需要的时钟，但这种时钟电路频率的稳定性比较差，难以满足较高的要求。MC9S12DT256B 有两种获得时钟频率的方式。一种是通过管脚 XTAL（输入）和 EXTAL（输出）将外部晶体与内部振荡器电路相连用于产生系统时钟，片内采用锁相环技术提高系统工作频率，减小由外部高频晶振引起的电磁干扰。另一种方式是使用外部振荡器直接产生时钟信号，通过 EXTAL 管脚输入。本系统采用第一种方式，外接频率为 16MHz 的晶体振荡器，通过内部锁相环电路产生 25MHz 的主频。

虽然单片机片内集成有上电复位电路，单片机上电时可自动产生复位信号，但加上一个手动复位开关会给调试带来很大的方便。为此我们采用电源监控芯片 MhX708 实现复位功能，它可同时输出高电平有效和低电平有效的复位信号，复位信号可由 VCC 电压、手动复位输入或独立的比较器触发。同时该芯片具有复位和掉电检测功能，可以保证单片机可靠工作。其电路原理如图 6-10 所示。

图 6-11 为电子控制单元所采用的最小系统电路原理。该最小系统可以直接嵌入目标板上，便于系统设计中的硬件调试。

6.3.6.3　电源模块的设计

ECU 的电源供应来自车载电池，电压为 +12V。而单片机系统及许多集成芯片的正常

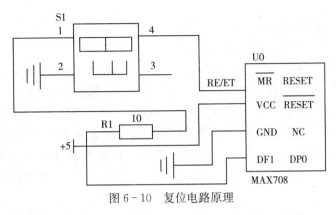

图6-10 复位电路原理

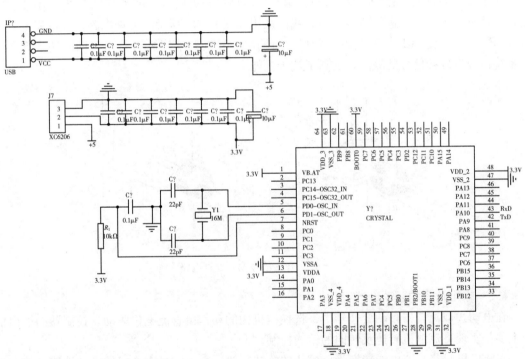

图6-11 MC9S12DT256B最小系统电路原理

工作电压为+5V，且对电压稳定性要求较高，因此需要对车载电源输出的电压进行处理，减少其幅值的波动，实现12V/5V的DC/DC转换。在本系统中我们采用12V电源代替车载蓄电池为ECU提供电源，并选用LM2576T5.0芯片完成电压转换功能。

LM2576T5.0具有以下特点：5V输出，最大3‰波动幅度；最大输出电流3A；容许输入电压范围7~40V；需外围器件，转换效率达80%；电流超限及过热保护功能。

其电路输出端串联一个电感，用来稳压，消除转换电压的波动。经过该芯片的处理，就可以得NECU所需的稳定+5V电压，并对电源提供保护功能。

此外，还需要为执行电机驱动芯片提供+12V的稳定电压，以驱动选换挡直流电机。我们采用三端稳压管7812实现系统的要求，通过ECU23号脚输入电源电压，可以得到所需的+12V电压。

6.3.6.4 输入信号的采集处理

对于车速、发动机转速、离合器从动盘转速等输入脉冲信号，由于采用较多的是磁电式传感器，输出的是频率和振幅变化的正弦波，其频率与所测转速成正比，这种模拟信号不易被单片机的脉冲捕捉模块直接读取，需要采用先滤波后整形的处理方法。

节气门开度信号属于模拟量，其变化范围都是0～5V。由于MC9S12DT256B芯片A/D模块的输入阻抗很高，模拟输入引脚漏电流仅100mA，在输入电压为2.5V时，相当于输入电阻25MΩ，加上参考电压可以在0～5V之间选择，因此外部可以不加缓冲或放大器而直接测量满量程在5V以下的被测信号。可以在信号前面利用分流处理电路或者直接接到单片机的A/D模块。

对于多功能开关、驻车/空挡信号、制动指示灯等开关信号，由于其12V电压不能直接输至单片机系统，需要进行信号处理。我们采用如图6-12所示的处理电路，通过光电隔离器TLP521-4实现12V/5V的幅值转换，将输出信号接到单片机的B口，同时还实现了最小系统信号与外接信号的隔离，提高了抗干扰能力。

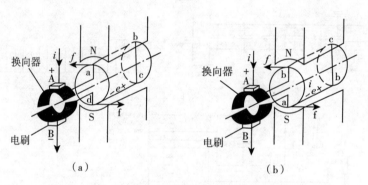

（a）　　　　　　　　　　（b）

图6-12　开关信号输入处理电路

6.3.6.5 输出信号的驱动设计

在电动式双离合器自动变速器中，选换挡机构的动作由直流电机驱动。控制器的输出信号主要是实现直流电机转速及转向的精确控制。

直流电机是将直流电能转换为机械能的旋转装置。由于它具有良好的启动性能，能在宽广的范围平滑而经济地调节速度，所以被广泛地用于电力机车、机床、起重设备以及各种自动控制系统中。

若把电刷A接到直流电源的正极，电刷B接到直流电源的负极，此时在电枢线圈中将有电流流过。设线圈的ab边位于N极，线圈的cd边位于S极，则导体每边所受电磁力的大小为

$$f = B_x LI \tag{6-1}$$

式中：B_x为导体所在处的磁通密度Wb/m²；L为导体的有效长度（m）；I导体中流过的电流（A）；f为电磁力（N）。

按照直流电机的基本原理，调整其转速的方法有改变电机的电枢电压、调整磁通量、串联电枢电阻。其中，串联电枢电阻调速会使电机的运行效率较低，只在某些特殊场合使用。

调整磁通量调速即励磁控制法属于恒功率调速，在低速时受磁极饱和的限制，在高速时受换向火花和换向器结构强度的限制，并且励磁线圈电感较大，动态响应差，所以这种控制方法用得很少。现在，大多数应用场合都使用电枢控制法调速。

随着计算机进入控制领域，以及新型的电力电子功率元器件的不断出现，采用全控型的开关功率元件进行脉冲宽度调制（pulse width modulation，PWM）控制方式已经成为主流。这种控制方式很容易在单片机控制中实现，从而为直流电机控制数字化提供了可能。

（1）PWM 调压调速　根据直流电机的工作原理，直流电机转速 n 的表达式为

$$n=(U-IR)/K\emptyset \tag{6-2}$$

式中：U 为电枢端电压；I 为电枢电流；R 为电枢电路总电阻；$\emptyset$ 为每极磁通量；K 为电机结构常数。

脉宽调制方法的本质就是调整电枢端电压 U 的大小，从而改变电机转速。电机的电枢绕组两端的电压平均值 U_0 为

$$U_0=(t_1/T)\,U_s=\alpha U_s \tag{6-3}$$

式中：α 为占空比，$\alpha=t_1/T$；U_s 为电源电压；t_1 为单个周期内开关管导通时间；T 为周期。

占空比 α 表示了在一个周期 T 内开关管导通的时间与周期的比值。α 的变化范围为 0～1。由式（6-3）可知，在电源电压以不变的情况下，电枢电压的平均值 U_0 取决于占空比 α 的大小，改变 α 值就可以改变端电压的平均值，从而实现调速。

本系统所用的选、换挡电机工作电压都为 12V，功率为 100～150W。考虑到换挡电机需要较大的工作电流，同时为了更好地比较所设计的控制器性能，本系统对两个直流电机的控制采用不同的硬件电路设计。

为了简化外围电路设计，提高系统的稳定性，基于 H 桥功率驱动的原理，我们利用 4只 IRF540 搭建 H 桥，并由 2 片专用芯片 IR2112S 分别驱动两个半桥，实现选挡电机的控制。

IR2112S 是一款高压高速功率场效应管及 IGBT 的专用驱动芯片，有独立的高端和低端参考输出通道。控制端接口兼容标准 COMS 输出。H 桥的上下臂选用的都是 N 沟道的场效应管 IRF540，为了降低场效应管的功率损耗，应使之工作在饱和导通状态。IR2112S 在控制逻辑作用下，其输出端 HO 和 LO 能够产生 10V 以上的电压来保证 IRF540 工作在饱和导通状态下。

为了提高系统的可靠性，在换挡直流电机的控制中采用集成芯片 L298N 作为功率驱动器件，其电路如图 6-13 所示。

L298N 是高电压、高电流的专用驱动芯片，其内部集成了两个 H 桥驱动电路，可同时控制两个直流电机。对于每个电机，需要利用 3 个输入信号实现控制。单片机的输出引脚 PH0 经过相应的逻辑电路接 L298N 的信号输入端 IN1 和 IN2 用于控制换挡电机的转向，另一个信号输入端 ENA 用于引入单片机 PWM0 通道的 PWM 信号，通过改变 PWM 波形，就可以改变 L298N 两个输出端 OUT1 和 OUT2 加在电机上的平均电压，实现调速控制。

6.3.6.6　CAN 通信模块的设计

CAN（controller area network）即控制局域网，属于串行数据通信总线，可以有效构

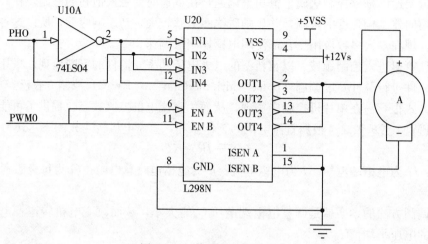

图 6-13　换挡电机驱动电路

成分布式实时监控网络。自诞生以来，CAN 以其卓越的信号传输性能和极高的可靠性得到了众多设备商的青睐，被公认为最有前途的总线之一。目前，CAN 已不再局限于汽车控制，建筑管理、火灾报警、机器人、船舶等领域都把它当作控制网的首选。现在，CAN 已经有了国际标准，并且得到了飞利浦、摩托罗拉等众多著名国际半导体器件公司的支持。作为一种先进的现场总线协议，CAN 的特点主要表现在以下几方面：

①它具有多种通信模式，可工作在多主方式，又能完成点对点、一点对多点和全局广播的通信任务。

②它具有较高的传输速度，其最高数据传输率达 1Mbps，结构灵活，扩展性好，可挂接 10 个节点，用双绞线就可实现通信。

③它具有高可靠性。采用非破坏性总线优先权仲裁技术，具有暂时性错误及永久故障节点的判断能力和故障节点自动脱离功能，同时还能实现出错帧的重发，数据采用短帧结构，受干扰率低，具有数据帧的 CRC 校验及其他错误检测措施。

6.3.6.7　系统抗干扰设计

拖拉机是一个复杂的系统，其运行工况多变，具有振动、冲击、强电磁等恶劣的工作环境。自动变速器作为汽车动力系统的重要组成部分，其工作可靠性对整车具有重要影响。因此，在双离合器自动变速器电子控制单元的硬件设计中必须采取一系列抗干扰措施，以保证系统工作的稳定性和可靠性。

6.3.6.7.1　单片机本身的抗干扰设计

（1）降低外时钟的频率　锁相环技术已被单片机芯片设计所广泛采用，这种技术的采用使片内 CPU 的时钟频率很高，而片外印刷线路板上的时钟频率较低。降低外时钟频率有助于减小高频干扰的对外发射，尽量使用满足应用要求的最低频率的时钟是提高单片机系统抗干扰能力的重要措施。

（2）设计"看门狗"电路　看门狗电路要求用户程序定期对一时间递减计数器进行刷新。应用程序中应使用单片机的实时中断，在实时中断服务子程序中刷新该计数器。一旦发生超时，即在规定的时间内递减计数器得不到刷新，就会产生CPU复位信号重新启动单片机，或产生看门狗非屏蔽中断，由相应中断服务子程序恢复CPU的正常运行。本电控单元中为单片机设计了看门狗电路，并在软件中进行了相关设置以打开看门狗电路。

（3）时钟监控电路　在受到强干扰时，外部晶振有可能停振。对于外部晶振停振的处理，有几种方式，可以使用强制产生单片机复位信号的方法使CPU复位，也可以让改用单片机内部振荡器工作。为了提高单片机系统的抗干扰能力，可以通过写相应的寄存器打开时钟监控电路，并且关掉使用片内时钟方式，在出现外部时钟停振时直接产生CPU复位信号，重新启动单片机系统。

6.3.6.7.2　电源抗干扰设计

单片机是基于互补型金属氧化膜半导体工艺的超大规模集成电路，允许使用的电源电压范围很宽。但根据应用领域的不同，对电源电压的监控可以使用不同的抗干扰措施。拖拉机上采用的蓄电池电源为12V，内阻很小，是较理想的电源，但是实际工作过程中，电压仍然会在一定范围波动。本设计中使用MAXIAM公司微处理器监控系列芯片MAX708来完成电源电压的监视与处理。该芯片工作电压范围宽（1.2～5.5V），供电电源低于4.65V时产生复位信号，不需外围分立元件，可保证ECU可靠工作。另外在各元器件电源和地之间设置去耦电容，能有效降低电源的相互耦合，保证电源的稳定性。

6.3.6.7.3　I/O通道抗干扰设计

（1）光电隔离　为了切断单片机系统与I/O通道及外部电路的电气连接，防止外部干扰窜入，本系统CAN总线通信模块中采用光电耦合器件6N137将单片机引脚与CAN收发器进行电气隔离。外部干扰源一般有较大的电压幅度，但能量较小，只能形成微弱电流，采用光电隔离器进行电气隔离时，由于光电输入端的发光二极管工作在电流状态，干扰源会因无法提供足够的电流而被抑制掉，因而，光电隔离器能有效抑制尖峰脉冲和各种噪声的干扰，使I/O通道上的信噪比大大提高。

（2）滤波　对于模拟信号的滤波，通常需要在硬件设计中加以考虑，常用的滤波器包括RC、LC无源滤波器以及各种由运算放大器构成的有源滤波器。本系统在脉冲量输入通道采用了RC滤波电路，通过该电路将高频干扰信号去除后使单片机脉冲捕捉模块获得所需的脉冲信号。此外，目前许多厂商提供了各种安装方便、性能优良的滤波器产品，这些滤波器可以直接利用螺纹端固定在电路板上或机箱上，或者直接焊接在电路板上。

（3）屏蔽　对于各种干扰源，只要切断其耦合途径就可以减小它对系统的影响。一般通过屏蔽的方法使干扰信号无法通过电场、磁场或电磁场耦合进入系统。在自动变速器电子控制单元的设计中，通常采用金属屏蔽箱或橡胶制品抑制磁场、电场和高频辐射干扰。西门子威迪欧为SANTANA 2 000配套的AT电子控制单元采用的是金属屏蔽法，将ECU放入金属屏蔽箱内，并将屏蔽箱接地。

6.3.6.7.4　印刷电路板抗干扰设计

电磁兼容是印刷电路板设计中需要考虑的问题。所谓电磁兼容，就是指在系统设计中除了要求设备能按照设计要求完成指定功能，还要满足两点，即抗电磁干扰能力要强，不易受到外界环境的干扰，同时本身不应成为一个噪声源，产生对其他仪器、设备的电磁干扰。单片机构成系统的电磁兼容能力与印刷线路板的设计与布线有很大的关系。

（1）元件的布置　元件在印刷线路板上排列的位置，要充分考虑抗电磁干扰问题。原则之一是各部件之间的引线要尽量短。在布局上，要合理分区，将模拟信号部分、高速数字电路部分、噪声源部分（继电器、大电流开关等）合理地分开，使相互间的信号耦合减至最低。

（2）接地线的处理　印刷线路板上的线，以电源线和地线最重要。克服电磁干扰问题，最主要的手段就是接地。特别是对于双面板，地线要布置得特别考究。在布线上，通常采用单点接电源、单点接地法。电源和地是从供电电源的两端接到印刷线路板上的。电源一个接点，地一个接点。在印刷线路板上要有多个返回地线，这些线都会聚到回电源的那个接点上，就是所谓单点接地。此外，如线时应尽置加相地线，若接地线很细，接地电位则随电流的变化而变化，致使电子设备的信号电平不稳。

（3）多层板设计　使用多层印刷线路板设计可以显著提高单片机系统的抗电磁干扰能力，并提高板上元器件的密度，从而减小体积。4层板是单片机应用系统中最常用的多层板。4层板将双面板中的电源和地线单独布置在两个层面上，夹在元件面和焊接面之间。大面积的地可以减小信号线的阻抗，减小接地电阻。

6.3.7　输入信号模块

输入信号模块由数字量信号、模拟量信号和开关量信号3部分组成。

数字量信号主要是自变速器内部检测得到的3路输入轴转速的传感器信号。双离合器自动变速器控制过程中，需要对输入轴上3个转速信号进行监测以确定换挡时机及离合器主、从动盘的控制方式。

由 DCT 的控制策略可知，需要对发动机转速、输出轴转速等其他转速信号进行实时读取以确定换挡时机，在变速器电控系统中只有一路对转速信号的读取电路，直接采集变速器输入轴转速，另外再通过 CAN 总线模块从相应的发动机和 ABS 的 ECU 模块读取到的信号准确性更高，同时也能精简变速器的电控系统。

本电控单元中的转速信号传感器采用霍尔传感器，安装位置如图 6-14，随着汽油机转速升高，其信号输出幅值变化范围很大，从几十毫伏到几十伏，对后续处理电路提出了很高的要求。将转速传感器采集的正弦信号经过滤波、整形和放大处理，变成幅值大小为 5V 的方波，相位不发生改变。电路对稳态转速信号和瞬态转速信号的拾取都具有良好的准确性和实时性。其框图见图 6-15。

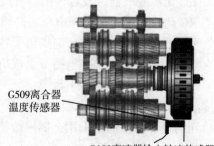

G509离合器
温度传感器

G182变速器输入转速传感器

图 6-14　温度传感器和转速传感器位置

本系统中霍尔传感器的输出幅值变化范围从 1V（150r/min）到 50V（10 000r/min），对其滤波整形的处理电路如图 6-16。

模拟量信号主要包括温度信号，有离合器温度和电控单元温度传感器的采集信号和从直流电机中直接读取的反馈电流信号。其中，温度信号用于检测离合器和电控单元是否处于正常工作状态。当变速箱温度过高时，电控单元将会采取相应的保护动作以确保行车安全。

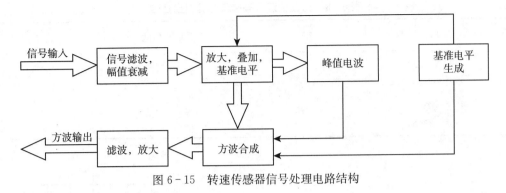

图 6-15 转速传感器信号处理电路结构

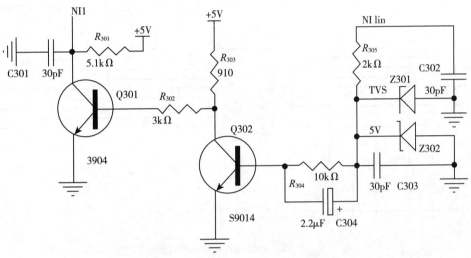

图 6-16 输入轴转速信号处理电路

开关量信号是位于同步器拨叉上的挡位传感器和位于 ECU 支架上 4 个换挡元件传感器（图 6-17）共同作用产生的开关信号（PO0～PO3），用于检测同步器位置，判断换挡轴上各挡位齿轮组合形式以判断其挡位，见表 6-8。ECU 利用位置传感器信号判断所需挡位，输出控制信号作用于油压电磁阀，液压驱动执行机构并操纵换挡，如图 6-18 所示，其中 PO0in～PO3in 为从挡位传感器上直接采集到的信号，PO0～PO3 为经过处理后得到的可以直接输入单片机最小系统信号。电路利用 TLP521 光耦合器来隔离输入输出电气连接。光耦具

图 6-17 换挡元件传感器

体型号为 TLP521-4，一方面可以将传感器采集到的挡位信号转变为单片机能够接收的信号，另一方面也能防止输入信号直接输入 MCU 对其他信号产生干扰。同时，由于输入开关量较多，TLP521-4 有 10 个端口，可以实现同时对四路信号进行处理，简化了电路设计。

表 6-8　挡位位置信号端口与其对应挡位

信号端口	监测挡位
PO0（G487）	1/3 挡
PO1（G488）	2/4 挡
PO2（G489）	6/R 挡
PO3（G490）	5/N 挡

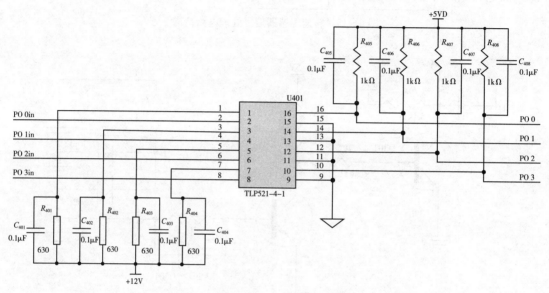

图 6-18　换挡位置信号处理电路

除了上述输入信号外，系统还需监测节气门开度、车速、发动机转速、制动信号、各挡位信号等多路信号以实现对双离合器自动变速器的全面控制，这些信号都可以通过高速驱动 CAN 总线直接与发动机 ECU、ABSECU 和选挡机构 ECU 进行数据交换得到。

6.3.8　输出信号模块

输出模块主要包括电机驱动信号和 CAN 总线驱动电路。

6.3.8.1　电机驱动信号

由于离合器主、从动摩擦盘安装压力传感器难度大，成本高并且离合器压力不易检测。因此，本系统直流电机为离合器提供直接驱动力。一方面，可以通过检测电流直接推算出操纵离合器所需力矩；另一方面，也只需要检测电流信号，从而推算出离合器所受到的压力，并且替换了复杂的液力系统，一定程度上简化了机构。

目前轿车上广泛采用的是 12V 低压直流电机，电机的驱动一般由 N 沟道 MOSFET 组成 H 桥电路来实现。然而，N 沟道 MOSFET 要求栅极电压比漏极电压高 10～15V，但这里存在功率管高端驱动问题，即栅极点位又随源极电位变化。解决这一问题，目前主要采用载波驱动法、充电泵法、脉冲变压法、浮动栅极驱动电源法和自举法等方法。

载波驱动法电路复杂，能对栅极连续驱动但受到开关频率的限制，对开关周期及占空比没有要求；充电泵法要求 MOSFET 长时间开启，同时还需要电平转换，某些情况下还需要两级泵激励；脉冲变压法在开关高频时波形不理想（寄生参数的存在），低频时变压器尺寸增大；浮动栅极法也叫隔离电源法，要求每个高压侧 MOSFET 需要一个隔离电源，并以地为参考点进行电平转换，从而增加了电路成本并且电路形式复杂；自举法的开关频率直接受电容刷新时间限制，电路性能受电容影响较大。

在电机电路设计之初，有两种预选方案：方案一分别用 L298N 和 IR2112S 作为驱动芯片驱动换挡和选挡机构；方案二用 MC33385 和 MC33580C 为驱动芯片对选挡换挡电机的驱动电路进行设计。在方案一中，图 6-19 所示电路是以 IR2112S 和 IRF540 为驱动元件设计的选挡机构电机控制电路，利用 4 只 IRF540 搭建 H 桥，IR2112S 则用来驱动 IRF540 的 H 桥，电路可以实现电机驱动。图 6-20 所示电路是以 L298N 为驱动芯片设计的换挡机构电机控制电路。在方案二中，电路以 MC33385 和 MC33580 搭配设计了电机驱动电路，可同时用来驱动换挡和选挡电机。

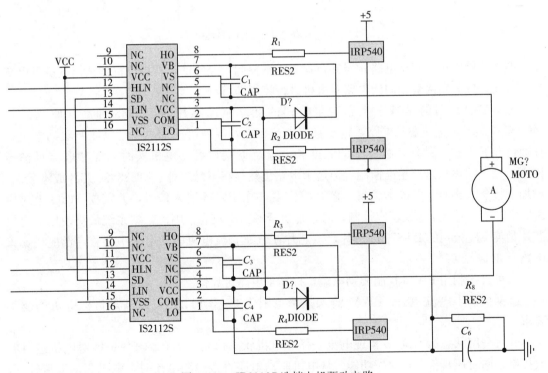

图 6-19　IR2112S 选挡电机驱动电路

然而，上述两种方案均存在缺陷。对于方案一，所采用的基于 L298N 芯片驱动的直流电机驱动电路，但是换挡、选挡及离合器驱动电机的功率都在 100W 以上，而车载电源只有 12V，也就是说驱动芯片必须能具备至少 10A 的大电流输出能力。而 L298 芯片最大只能输出 4A 电流（选挡电机驱动电路中，将驱动两电机的电路并联在同一负载电机上），不足以驱动选挡电机工作；对于 IR2112S 芯片驱动 IR540F 晶体管组成的 H 桥电机驱动电路，虽然能够提供大电流驱动电机，但是电路结构复杂，元器件较多。另外，用两套不同的电路分别

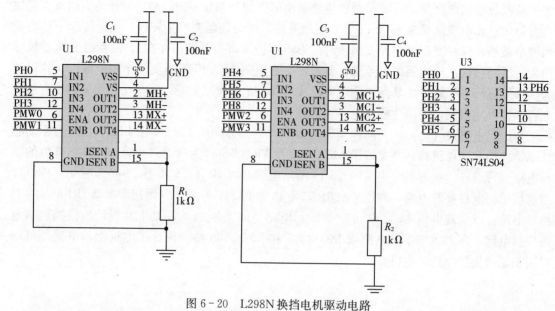

图 6-20　L298N 换挡电机驱动电路

驱动换挡选挡电机不利于电路元器件布置和成本控制，经验证，换挡电机和选挡电机可以统一。因此，只需用两套相同的电路对电机进行控制即可。

方案二中采用的是基于飞思卡尔公司的低端驱动芯片 MC33385 和高端驱动芯片 MC33580 组成的电机驱动电路，输出直流电流 10A，峰值可达 35A，足以使所驱动电机在任何情况下工作。另外，芯片中的温度和电流反馈端口可将电机实时温度和电流反馈至 ECU，便于对电机进行精准控制。但这个电路仍然存在不足之处：MC33850 芯片成本较高，增加了整个电路的开发成本。每个芯片都需要 4 个 PWM 输入信号，并需要 MCU 上对应 SPI 端口对其进行片选及相应控制，对单片机资源需求较高。因此，本系统最终使用的电机芯片是英飞凌公司的 BTS7960 芯片，该芯片在汽车直流电机驱动电路中有着广泛应用。该电路有如下优点：

①可直接利用 PWM 控制驱动电流，提高了电路可靠性。

②漏极输出电流 40A，PWM 输入频率范围为 0～25kHz，可以满足目标电机的驱动要求。

③可利用状态标志位 IS 实现电流采样和电机状态诊断，更有利于 MCU 对电机进行有效控制，同时还具备各种保护功能。从电机驱动电路直接检测电流时，电机驱动电流较大，直接接入单片机会损坏系统，故采用并联一小电阻（约为 0.01Ω）的方法，将电流信号转化成安全的电压信号输入单片机。

④MOSFET 开关速率可通过外部电阻进行调节，可以有效避免电磁干扰。BTS7960 芯片非常适合驱动汽车上低电压大电流的电机，且芯片体积小，能最大限度地节省电路板空间。直流电机主要用于对离合器接合过程的控制。在传统的干式双离合器自动变速器中，仍然采取液压式控制离合器加载压力。在电控离合器动力学模型的基础上（电机和离合器动力学模型），本系统采用电子控制技术对 DCT 中两离合器从动盘进行控制，在符合其控制

策略的同时也能满足汽车行驶的安全性和汽车的济性。因此，本章利用直流电机实现离合器的加压，电机参数如表6-9。

表6-9　直流电机参数

功率	工作电压	有效工作电流	最大工作电流
170W	12V	≤15A	≤70A

从表6-9中可以看出，电机工作需要大电流驱动，所以电机驱动的芯片额定电流要求较高。本电路所采用的BTS7960电机驱动芯片高、低边的最大驱动电流可达60A，能够满足需要。然而，该驱动芯片高、低边的最大输出电流仅为$500\mu A$，无法满足所选用直流电机正常工作电流（8.3~12.5A）。

6.3.8.2　CAN总线驱动电路

CAN（controller area network）是控制器局域网络的缩写，最初是由德国的博世公司首创，可直接应用于汽车监测和汽车控制系统设计。本系统为实现其控制策略需要从车内其他ECU模块读取相应的传感器信号并交换大量数据，故采用CAN总线以解决数据交换问题。

CAN总线又分为高速总线和低速总线。对于实时性要求高的信号如车速、发动机转速、节气门开度等汽车运行工况参数进行数据交换时通常采用高速总线，数据传输速度可达500KB/s。本系统DCT ECU和发动机ECU、ABS ECU及选挡机构ECU的数据交换都通过高速总线来实现。

Protel99SE提供了强大的电气检测功能（在Tool项目下的ERC检测），电路设计完成后可利用此功能检测出电路中是否有多余网络端口、短路等各种电路电气问题。

6.3.9　双离合器自动变速器控制系统整体设计

本部分在双离合器自动变速器结构及工作原理的基础上，设计了以MC9S12XET256B（飞思卡尔公司的16位微处理器）为核心的双离合器自动变速器的电子控制系统，该系统由最小系统、模拟信号处理、转速信号处理、电机驱动、电磁阀驱动、开关信号处理等电路模块组成。同时，工作环境也要求该电控系统具备良好的抗干扰能力，克服振动、潮湿、噪声、高温和低温等恶劣条件。

6.3.9.1　系统控制流程图

由图6-21可知，系统由微处理器（MCU）及转速信号处理电路、模拟信号处理电路、电源处理电路、电机电磁阀驱动电路等外围电路组成。

6.3.9.2　微处理器的选型及特点

微处理器是电子控制系统的"大脑"，通过处理和交换数据、指令来实现对各电路模块的控制，其控制方式可以根据用户需要进行设定。双离合器自动变速器的控制系统需要在短时间内处理大量汽车行驶的实时参数，并将控制指令传至对应执行机构，对实时性和控制精度要求较高。为了保证变速器处于正常工作状态，在选用微处理器时应注意以下几点：

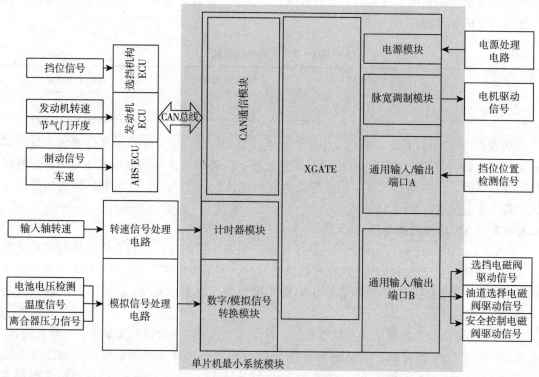

图 6-21　系统控制流程

①速度快，精度高，成本适中。不同于手动变速器或 AMT，DCT 换挡过程极快，也被称为连续换挡，可将换挡时间控制在 1s 以内。双离合器片之间的接合与脱开更是可以在0.1s 内实现。这对传感器和处理单元的数据捕捉和处理能力都有较高的要求。若 MCU 处理速度无法满足需求，容易造成指令接发滞后，直接影响到变速器的换挡效果，延误换挡时机，产生错误操作指令，更有可能会损坏变速器的机械结构。

②接口丰富。DCT 换挡过程中所需的控制信号的多样性决定了其接口的种类和数量，这些控制信号不仅包括来自 DCT 内部的模拟信号如温度信号、电压信号等，还有脉冲信号如输入轴转速信号和其他数字信号。另外，除了内部数据获取，DCT 的电控单元还在不断与其他控制单元进行数据交换，如来自发动机 ECU 的发动机转速、ABS ECU 的车速等。除了上述输入信号，MCU 的输出信号也直接用于控制直流电机和电磁阀。因此，所选用的MCU 需要计数接口（ECT）、输入/输出（I/O）接口、模数转换（A/D）接口、总线通信（CAN）接口和脉宽调制（PWM）等多种接口。

③大存储空间。DCT 的换挡控制策略复杂，需要较大空间来储存通过 C 语言实现的控制策略，对于实时采集的车况信号，也需要一定的空间来存储。

④有出色的抗干扰能力和稳定性。变速器的状态会随汽车的行驶工况而改变，与湿式DCT 油冷却的方式不同，干式 DCT 主要还是自然冷却，所以频繁接合离合器片会增加箱内温度。除温度外，湿度、气压等其他因素随车况的变化都要求选用的 MCU 具有抗干扰能力。另外，不同信号、MCU 甚至控制系统之间，都存在较强的电磁干扰，除了合理布线和

器件布局外，也需要 MCU 有优良的电磁兼容性，才能最大限度地避免接收或发出的指令受到干扰。

6.4 电子控制单元执行机构设计

换挡执行机构是拖拉机变速器的重要组成部分，是换挡动作的执行单元，其动态工作性能的优劣直接决定着变速器总体工作性能，进而影响拖拉机的动力性、经济性及作业效率。本节旨在确定拖拉机 DCT 换挡执行机构方案。

6.4.1 双离合器操纵机构方案设计

双离合器操纵机构是使双离合器分离，或使之柔顺接合的一套机构。它通过接收电子控制装置的指令，完成离合器分离、接合动作。其性能的优劣对整个传动系统具有重要的影响。

6.4.1.1 传统拖拉机离合器操纵机构

传统拖拉机离合器的操纵方式一般可分为机械式操纵、液压式操纵和气压助力式操纵。

（1）机械式操纵机构 机械操纵机构分为杆系操纵装置和绳索操纵装置。杆式操纵装置结构简单、工作可靠、制造容易，广泛应用于各种拖拉机中。但该装置质量大，空间布置困难，杆件之间铰结点多，故摩擦损失大，传动效率低，其工作会受到发动机振动和车身变形的影响。绳索式操纵装置可以克服以上缺点，但是绳索刚性差，寿命较短，布置方便，传动效率较低。

（2）液压式操纵机构 液压式离合器操纵机构主要由踏板、主缸、工作缸、分离杠杆及连接管路等组成。通过踏板使主缸中油压升高，高压油液进入工作缸推动分离轴承压缩分离杠杆，使离合器分离。这种机构摩擦阻力小，质量小，布置方便，接合柔顺，传递效率高，其工作不受车身变形的影响，便于远距离控制，是比较普遍采用的一种离合器操纵机构。

（3）气压助力式操纵机构 气压助力式操纵机构是利用压缩空气作为动力源，人力作为控制能源的一种操纵机构。压缩空气由发动机驱动空气压缩机产生，其结构复杂，质量大。一般装设在机械式或液压操纵机构中作为助力。

6.4.1.2 双离合器操纵机构方案分析及确定

由上述拖拉机传统离合器操纵机构知，驾驶员通过控制离合器踏板实现离合器分离接合，双离合器属于自动离合器取代了人脑的思维判断和肢体动作，依靠其执行机构自动实现离合器的有效动作。参考汽车双离合器操纵机构，提出了两种拖拉机双离合器操纵机构方案。

（1）电控液压驱动式操纵机构 双离合器液压驱动式操纵机构由动力高压油部分、控制阀部分、操纵液压缸部分、传感器部分及管路组成。高压油部分包括油箱、液压泵、单向阀、储能器以及保证油液清洁度的过滤器。控制阀部分和操纵液压缸部分采用电液比例减压阀和高速开关阀，控制阀的个数根据双离合器操纵液压缸结构和控制要求而定。传感器部分包括油压传感器和离合器位移传感器，分别检测系统油液压力和双离合器位移等信息。

液压驱动操纵机构具有能容量大、响应快、操作简便、控制精度高、易于实现安全保护、具有一定的吸收冲击与振动的能力，以及便于空间布置等优点。主要缺点是油液受温度的影响。

（2）电控电机驱动式操纵机构　电机驱动式操纵机构一般采用直流电动机作为动力源，利用蜗轮、蜗杆、丝杠、螺母等元件构成减速装置，将直流电机的旋转运动转化为往复直线运动以驱动双离合器工作。

电机驱动式执行机构可使用原车上的蓄电池作为系统的动力源，且电动机易于控制，使系统简洁且控制方法上更简单；缺点是机构复杂，易发生故障，而且选换挡的动作比较迟缓。

拖拉机需传递的扭矩大，工作环境的温度变换不大，可选用对温度不敏感的液压油，故可排除油温的影响，液压驱动式操纵机构精度比电机驱动式的高。综合分析后选用电控液压驱动式操纵机构作为本设计双离合器操纵机构方案。

6.4.2　变速箱操纵机构方案设计

变速箱操纵机构是保证变速箱能准确而可靠地挂入所需挡位的一套装置，是变速箱实现其功能的有效保障。

6.4.2.1　传统拖拉机变速箱操纵方式

传统拖拉机变速箱的操纵方式一般分为人工手动操纵式、液压操纵式、电液操纵式、自动控制换挡。

（1）人工手动操纵方式　人工手动操纵方式是指驾驶员通过变速杆操纵拨叉和啮合套实现挡位的切换。

（2）液压操纵方式　液压操纵换挡是指通过高压油驱动换挡执行元件工作，实现挡位的切换。利用控制阀来控制高压油的流动方向，实现对执行元件动作的控制，换挡阀通过连杆机构或软轴用手直接操纵。该操纵方式比人工手动操纵方式好，但存在操纵力比较大、布置复杂等缺点。

（3）电液操纵方式　电液操纵是通过控制电磁阀来控制执行元件实现换挡。电磁阀由电气开关操纵，电气开关的布置、安装方便，操纵灵活，省去了操纵连杆机构，降低了操纵行程和操纵力。

（4）自动控制换挡方式　自动控制换挡是指电子控制单元通过各种传感器收集油门开度、车速、发动机转速、挡位等信息，与存储在电子控制单元内的控制策略规则表进行比较，达到换挡条件时，电子控制单元向电磁阀发出指令，由换挡电磁阀控制换挡执行元件动作，从而实现换挡的精确控制。自动控制换挡方式具有换挡精确、灵敏的特点，可根据驾驶员意图和不同工况实现多种换挡规律控制，提高了拖拉机动力性和经济性。

6.4.2.2　拖拉机 DCT 变速箱操纵方案分析及确定

双离合器选用液压驱动式操纵机构，为简化系统变速器操纵机构也采用液压驱动。根据变速箱操纵机构形式的不同，可得出两套设计方案。

（1）液压驱动正交式变速箱操纵机构　正交式变速箱操纵机构的特点是选挡和换挡液压缸在空间的布置相互正交，通过一套联动机构相连。其液压系统原理如图 6-22 所示，选挡液压缸 6 和换挡液压缸 7 在空间为正交布置，即 X－Y 布置，换挡时共同控制主变速杆，经过选挡和换挡两个动作。电磁换向阀 5、8 组成选、换挡控制阀组，分别控制选挡液压缸 6 和换挡液压缸 7，此种换挡机构形式具有油管少、质量小、体积小、结构紧凑、安装维修方便的优点。由于有选挡动作，换挡时间比平行式的长。

正交式换挡执行机构的换挡过程包含选、换挡两个动作，换入新挡时为先选挡后换挡，换回空挡时为先退回中间位置，后由选挡液压缸控制其回空挡位置，为降低执行机构到中位时的动态不确定性，选、换挡动作之间，要有一段稳定延时。

（2）液压驱动平行式变速箱操纵机构 平行式变速箱操纵机构的特点是每一根拨叉轴分别有一个液压缸控制。其液压系统原理如图 6－23 所示，液压泵 1 为系统提供高压油液，溢流阀限制系统的最高压力。液压回路包括进油和回油两条支路，进油支路从液压泵开始，经电磁换向阀流入对应的液压缸，经液压缸另一油口流回油箱。当由Ⅲ挡换Ⅳ挡时，ECU 控制电磁换向阀 5 左侧电磁铁得电，使阀芯右移，高压油进入液压缸 8 左腔，右腔接油箱，推动活塞右移，完成Ⅲ挡换Ⅳ挡的动作。当由Ⅲ挡换Ⅱ挡时，ECU 控制电磁换向阀 5 左侧电磁铁得电，阀芯右移，活塞位置由位置传感器 T_2 反馈给 ECU，当活塞移动到空挡位置，ECU 控制电磁换向阀 5 失电，阀芯回中位，变速器由Ⅲ挡回到空挡；ECU 控制电磁换向阀 6 左侧电磁铁得电，阀芯右移，高压油液进入液压缸 7 左腔，推动活塞右移挂入Ⅱ挡，位置传感器 T_1 实时监测活塞

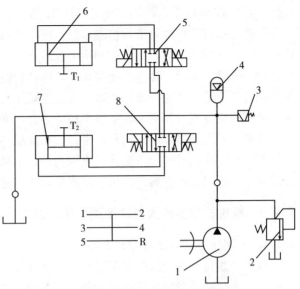

图 6-22　正交式变速箱操纵机构液压系统原理
1. 液压泵　2. 溢流阀　3. 压力继电器　4. 蓄能器
5、8. 电磁换向阀　6. 选挡液压缸　7. 换挡液压缸
T_1. 选挡液压缸位置传感器　T_2. 换挡液压缸位置传感器

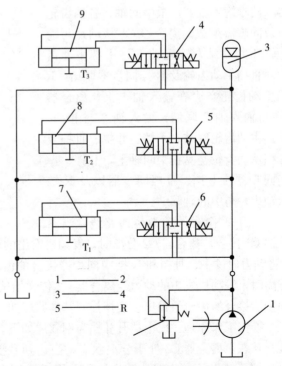

图 6-23　平行式变速箱操纵机构液压系统原理
1. 液压泵　2. 溢流阀　3. 蓄能器　4、5、6. 电磁换向阀
7、8、9. 换挡液压缸　T_1. 一、二换挡液压缸位置传感器
T_2. 三、四换挡液压缸位置传感器
T_3. 五、R 换挡液压缸位置传感器

位置，并反馈给 ECU，换挡完成后，ECU 控制电磁换向阀 6 失电，阀芯回中位。

平行式布置结构中每个换挡液压缸控制一个拨叉杆，换挡时，通过 ECU 控制电磁阀的通断来控制高压油流向，从而控制拨叉轴的运动方向，实现换挡动作。整个换挡过程中无选挡过程，通过拨叉轴直接进行换挡操作，各挡位的换挡液压缸相互之间无关联，使得变速器换挡执行机构简单紧凑，可靠性高，大大缩短了换挡时间。

由上面的分析可知交叉式操纵机构需要选挡和换挡两个步骤，且在选换挡之间需要一段稳定延迟，所以换挡所用时间长；平行式操纵机构只有换挡动作，其选挡动作由电子控制单元控制，所需换挡时间较正交式操纵机构短。双离合器变速器对变速箱操纵机构的要求是换挡时间短，所以选用方案二液压驱动式平行式变速箱操纵机构。

6.4.3 拖拉机双离合器自动变速器传动方案设计

6.4.3.1 DCT 结构及工作原理分析

双离合器自动变速器按照布置形式的不同，分为单中间轴式（两轴式）和双中间轴式两种类型。这两种类型的变速器均有两根输入轴，一根是实心轴，另一根是空心轴，空心轴空套在实心轴上，两轴同心。在两根输入轴上分别布置奇、偶数齿轮组。

单中间轴式双离合器自动变速器的结构简图如图 6-24 所示，主要由双离合器、两根输入轴、一根中间轴、各挡齿轮组及同步器组成。离合器 C1 从动片与输入轴 1 相联结，输入轴 1 与Ⅰ挡主动齿轮、Ⅲ挡主动齿轮及 R 挡同步器联结，R挡主动齿轮空套在输入轴 1 上。离合器 C2 与输入轴 2 联结，输入轴 2 与Ⅱ挡、Ⅳ挡主动齿轮联结。Ⅰ挡、Ⅱ挡、Ⅲ挡及Ⅳ挡从动齿轮空套在中间轴上，Ⅱ挡、Ⅳ挡同步器，Ⅰ挡、Ⅲ挡同步器以及 R 挡从动齿轮与中间轴联结。

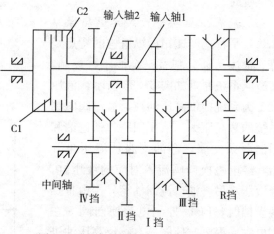

图 6-24 单中间轴式 DCT 结构简图

DCT 工作时的动力传递路线，当离合器 C1 接合，离合器 C2 分离时，发动机发出的动力经离合器 C1 传递给输入轴 1，输入轴 1 将动力通过Ⅰ、Ⅲ挡和 R 挡中同步器接合的齿轮组输出。当离合器 C2 接合、离合器 C1 分离时，发动机发出的动力经离合器 C2 传递给输入轴 2，输入轴 2 将动力通过Ⅱ、Ⅳ挡中同步器接合的齿轮组输出。换挡控制基本原理如图 6-25 所示。

换挡工作原理：以Ⅰ挡升Ⅱ挡为例叙述如下，车辆在Ⅰ挡运行时，此时离合器 C1 处于接合状态，离合器 C2 处于分离状态，当达到升挡条件时，TCU 控制Ⅱ挡同步器接合，此时Ⅱ挡从动齿轮与Ⅰ挡从动齿轮具有相同的角速度，带动输入轴 2 及离合器 C2 从动片转动，减小了离合器 C2 从动片与离合器壳的转速差，此时 TCU 通过控制离合器操纵机构，使离合器 C2 缓慢接合，离合器 C1 缓慢分离，直至离合器 C2 完全接合，离合器 C1 完全分离，然后 TCU 通过控制变速器操纵机构，控制Ⅰ挡同步器分离，至此升挡过程结束。整个

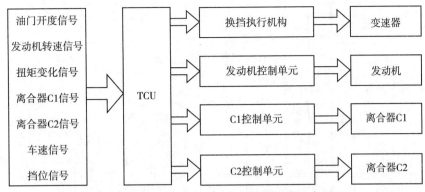

图 6-25 双离合器自动变速器控制系统基本原理

过程中，发动机的动力不间断地传递到输出轴，实现了动力换挡。

图 6-26 所示是双中间轴式双离合器自动变速器结构简图，其动力传递路线：以Ⅰ挡和Ⅱ挡运行时为例，说明其传动路线，Ⅰ挡运行时，离合器 C2 接合，离合器 C1 分离，发动机动力经输入轴 2 通过Ⅰ挡齿轮传递到中间轴 1，然后由中间轴 1 传递到输出轴；Ⅱ挡运行时，离合器 C1 接合，离合器 C2 分离，发动机动力经输入轴 1 通过Ⅱ挡齿轮传递到中间轴 2，然后由中间轴 2 传递到输出轴。换挡工作原理与单中间轴相同。

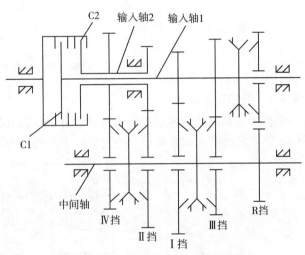

图 6-26 双中间轴式 DCT 结构简图

6.4.3.2 拖拉机 DCT 传动方案

单中间轴式 DCT 中间轴向尺寸较长，不宜传递较大的转矩；双中间轴式 DCT 轴向尺寸较大，结构不够紧凑。本章采用三中间轴式拖拉机 DCT 传动方案，如图 6-27 所示。所选传动方案中间轴空间呈 120°分布，3 根中间轴与奇偶数挡输入轴间的中心距相同，对应的各挡齿轮模数、齿数和螺旋角均相同。中间轴 1 上分布有Ⅰ～Ⅳ挡从动齿轮，中间轴 2 上分布有Ⅴ～Ⅷ挡从动齿轮，中间轴 3 上分布有Ⅸ～Ⅻ挡从动齿轮。输出轴后安装有换向机构，故该传动方案可实现（12+12）个挡位输出。

6.4.4 液压系统设计

拖拉机 DCT 变速箱操纵机构性能的优劣，直接影响拖拉机的动力性、燃油经济性及齿轮和同步器的使用寿命。液压系统设计的优劣对操纵机构具有决定性的作用，所以拖拉机 DCT 变速箱操纵机构液压系统的设计非常重要。

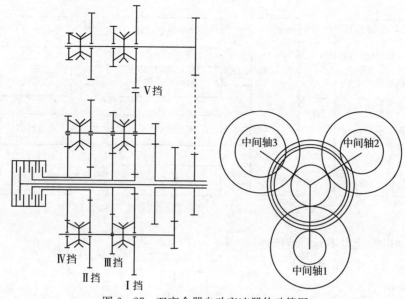

图 6-27　双离合器自动变速器传动简图

6.4.4.1　液压回路设计

根据前文提出的变速箱操纵机构设计方案，设计拖拉机 DCT 变速箱换挡执行机构液压系统，其原理如图 6-28 所示，主要由以下五部分组成。

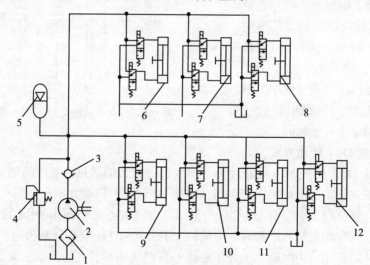

图 6-28　液压系统原理

1. 过滤器　2. 液压泵　3. 单向阀　4. 溢流阀　5. 蓄能器　6. Ⅰ、Ⅱ挡液压缸　7. Ⅲ、Ⅳ挡液压缸
8. Ⅴ、Ⅵ挡液压缸　9. Ⅶ、Ⅷ挡液压缸　10. Ⅸ、Ⅹ挡液压缸　11. Ⅺ、Ⅻ挡液压缸　12. R 挡液压缸

（1）能源装置　能源装置将电机的机械能转换成液体的压力能。液压泵 1 为系统能源装置，产生的压力油液流向各个换挡液压缸。

（2）执行元件　执行元件将液体压力能转换成机械能输出的装置。各换挡液压缸为系统的执行元件，液压缸在高压油液的驱动下，缸内活塞做直线运动，与活塞连接的换挡指带动换挡拨叉运动，从而实现换挡动作。

（3）控制元件　控制元件是对液压系统的压力、流量和方向进行控制的装置。单向阀3、溢流阀4和三位两通电磁阀为系统的控制元件，单向阀3的作用是防止因换挡过程中负载突变产生的液压冲击，影响泵正常工作，在泵不工作时，防止系统油液倒流。溢流阀4控制系统的最高压力，防止系统过载。三位两通电磁阀控制流入液压缸支路的接通、断开，改变活塞的运动方向。

（4）辅助元件　辅助元件保证系统正常工作所需的上述3种以外的装置。过滤器1、蓄能器5、管件和油箱等为系统的辅助元件。过滤器1用于净化进入液压系统的油液，防止油箱中的杂质进入。蓄能器5可起到吸收液压冲击、稳定系统压力的作用。

（5）工作介质　工作介质是进行能量传递的媒介。本设计采用矿物油型液压油。

电子控制装置根据传感器传递的车速、油门开度、发动机转速和挡位等信号，判断变速器是否需要进行换挡，当需要执行机构进行换挡操作时，电子控制装置控制相应两位三通电磁阀移动，使执行机构进行换挡操作。通过传感器监控换挡过程。

图6-29所示为双作用三位置液压缸结构简图，缸体3和活塞轴2都为对称结构，活塞轴1两端有台阶，2个滑套2空套在活塞轴1两端，换挡指4通过螺栓固定在活塞轴1中间位置。

工作原理：换挡执行机构换挡时，高压油进入缸体3左腔，缸体3右腔连接油箱，此时活塞轴1在压力推动下向右运动，右端滑套2由于活塞轴1上台阶的作用，跟随活塞1向右移动；换回空挡时，

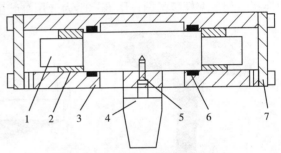

图6-29　双作用三位置液压缸结构
1. 活塞轴　2. 滑套　3. 缸体　4. 换挡指
5. 连接螺栓　6. 密封圈　7. 端盖

缸体3右腔连接高压管路，左右腔压力相等，由于滑套2的作用，活塞轴1右端有效作用面积大于左端，使活塞轴1左移，移至中位时活塞轴1两端油箱作用面积相等，经过小位移的轻微震动后，在中位静止，即换入空挡。活塞轴1向左移动和向右移动的工作原理相同。

6.4.4.2　液压系统参数计算

液压系统计算包括液压缸参数计算、液压泵参数计算、液压辅件的选择。

（1）液压缸参数计算　参考汽车DCT液压换挡执行机构，结合拖拉机特点，初定液压缸工作压力 $p_1=2.0$MPa。活塞轴的受力方程：

$$F=\pi d^2 p_1 \eta_{\mathrm{m}}/4 \tag{6-4}$$

式中：F 为同步器同步阶段所需最大负载力，即最大换挡力，实测值为600N；η_{m} 为换挡执行机构的机械效率，取值为0.9。

可计算出活塞直径 d，根据 GB/T 2348—2018 圆整得出 $d=35$mm；可取衬套的外径 $D=50$mm，内径 $d_1=35$mm，长度 $H=(0.6\sim1)D$，可取 30mm；各换挡行程 $L=17$mm，根据 GB/T 2348—2018，选取换挡液压缸行程为50mm。

在挂挡过程中，液压缸有启动、加速、快进、工进4种工况，挂挡时间不大于0.4s，设同步器同步时间为0.2s，液压缸快进速度 $v=85$mm/s。

（2）液压辅件选择　系统流量计算公式：

$$q = \pi d^2 \cdot v/4 \qquad (6-5)$$

将计算出的液压缸直径 d 及快进速度 v 代入式（6-5），可得液压缸快进时的流量 $q=$ 1.36L/min。根据流量及选定的工作压力选择液压辅件，选择 ABZ10-L0.7 5A 型蓄能器，容积为 0.75L，压力为 17MPa；三位两通电磁阀选为 LSV2-08-3 型，公称流量为 15L/min。

6.4.5　换挡执行机构三维建模

工程三维建模要求比较严格，须充分理解各零部件的形状、结构及相对位置关系，严格按照实际的尺寸进行建模。参数化建模的关键是确定参数种类和建立关系，根据零件的结构不同，采用不同的设计建模方法。DCT 液压换挡执行机构的零件建模主要包括液压缸、活塞杆、换挡拨指和堵头。因此，根据所采用的 DCT 液压换挡执行机构结构形式、液压缸结构、液压系统尺寸，在 Solidworks 中建立液压换挡执行机构各部分的三维模型。图 6-30 为换挡指和活塞杆装配图，图 6-31 为液压缸装配图。

图 6-30　换挡指和活塞杆装配图

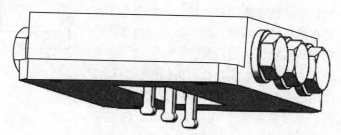

图 6-31　液压缸装配图

6.4.6　变速箱操纵机构动力学分析

对所设计的拖拉机 DCT 变速箱换挡执行机构进行动力学分析，建立数学模型，并进行仿真分析，能很好地研究执行机构在换挡过程中的受力和运动状况。图 6-32 为变速箱换挡执行机构简图。

将活塞、导块、拨叉轴、拨叉及接合套作为一个整体，简称换挡部件，分析Ⅴ挡换Ⅳ挡过程中，Ⅳ挡由空挡位置至挂挡结束的整个过程。

换挡部件由静止至同步器的摩擦锥面接合前，动力学方程为

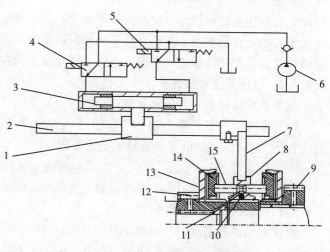

图 6-32　换挡执行机构力学模型

1. 导块　2. 拨叉轴　3. 挡挡液压缸　4、5. 电磁换向阀　6. 液压泵　7. 拨叉　8. 接合套　9、12. 被同步齿轮　10. 弹簧　11. 钢球　13. 摩擦锥盘　14. 摩擦锥环　15. 定位销

$$M \frac{\mathrm{d}^2 x}{\mathrm{d}t^2} = \frac{\pi d^2}{4} p - \lambda \frac{\mathrm{d}x}{\mathrm{d}t}, \quad 0 \leqslant x \leqslant 2\text{mm} \tag{6-6}$$

$$A = \frac{\pi \cdot d^2}{4} \tag{6-7}$$

式中：M 为换挡部件质量（kg）；x 为换挡部件位移（mm）；t 为同步时间（s）；A 为活塞面积（mm²）；p 为油液压力（MPa）；λ 为黏性阻尼系数；d 为活塞直径（mm）。

同步过程，位移 $x = 2$mm，轴向速度为零，此时对锁销式惯性同步器分析，其角动量平衡方程为

$$M_\text{m} \cdot t = L_z \tag{6-8}$$

式中：M_m 为同步器摩擦力矩（N·m）；t 为同步时间（s）；L_z 为同步器输出端总角动量（kg·m²/s）。

设 i_1、i_2、i_3、i_4 及 i_5 分别为 Ⅰ、Ⅱ、Ⅲ、Ⅳ 和 Ⅴ 挡齿轮传动比；J_{1a}、J_{2a}、J_{3a}、J_{4a} 及 J_{5a} 分别为 Ⅰ、Ⅱ、Ⅲ、Ⅳ 和 Ⅴ 挡主动齿轮转动惯量；J_{1b}、J_{2b}、J_{3b}、J_{4b} 及 J_{5b} 分别为 Ⅰ、Ⅱ、Ⅲ、Ⅳ 和 Ⅴ 挡从动齿轮转动惯量；J_{z1} 为输入轴 1 及 C1 从动片的转动惯量；J_{z2} 为输入轴 2 及 C2 从动片的转动惯量；转动惯量单位为 kg·m²。

由 DCT 换挡特点及锁止式同步器工作原理知，Ⅴ 挡换 Ⅳ 挡时，中间轴 2 转速较其他挡位工作时高，此时换挡同步器两端转速差最大，所需的换挡力最大。在挂 Ⅳ 挡过程中，Ⅴ 挡正常工作，可知中间轴 2 角速度为

$$\omega_{j2} = \omega_5 = \frac{\omega_\text{e}}{i_5} \tag{6-9}$$

式中：ω_{j2} 为中间轴 2 角速度（rad/s）；ω_5 为 Ⅴ 挡从动齿轮角速度（rad/s）；ω_e 为发动机角速度（rad/s）。

同步刚结束时，Ⅳ 挡从动齿轮角速度为

$$\omega_4 = \omega_5 \tag{6-10}$$

输入轴 2 及离合器 C2 从动片角速度：

$$\omega_{z2} = i_4 \cdot \omega_4 \tag{6-11}$$

Ⅱ 挡从动齿轮角速度：

$$\omega_2 = \frac{\omega_{z2}}{i_2} \tag{6-12}$$

同步器输出端总角动量：

$$L_\text{总} = \left[(J_{z2} + J_{2a} + J_{4a}) \cdot i_4 + J_{2b} \cdot \frac{i_4}{i_2} + J_{4b} \right] \cdot \frac{\omega_\text{e}}{i_5} \tag{6-13}$$

同步结束至接合套与四挡齿轮齿圈完全接合，由动力学方程可得

$$M \frac{\mathrm{d}^2 x}{\mathrm{d}t^2} = Ap - \lambda \frac{\mathrm{d}x}{\mathrm{d}t} - F_\text{L} \tag{6-14}$$

式中：F_L 啮合齿间阻力，其值取 100N。

运用此分析过程同样可得到其他挡位切换的数学模型。

6.4.7 操纵机构液压系统设计

6.4.7.1 液压回路设计

如图 6-33 所示为双离合器液压系统的原理图，液压回路系统主要由电液比例减压阀、

高速开关阀、传感器及液压缸等组成。

以离合器 C1 的接合、分离为例分析液压系统工作原理。充油过程，电子控制单元控制电磁换向阀 9 得电，换向阀阀芯下移油路接通，液压泵 2 提供的高压油液流入电液比例减压阀 5，经过电液比例减压阀 5 减压后，进入离合器压紧机构液压工作腔 15，克服回位弹簧的弹簧力，推动活塞运动，使离合器 C1 主从动片接合，当主从动片刚接触时，此时充油过程结束；双离合器进入升压过程阶段，此时电子控制单元接收活塞上位移传感器的信号，分析判断后向电液比例减压阀 5 发出指令，控制电液比例减压阀 5 调节油液压力，使工作腔的油液压力按控制策略变化，从而改变主从动片间的正压力，即改变摩擦力矩的变化，使主动摩擦片逐渐接合，直至完全接合，此时电子控制单元通过发动机转速传感器和输入轴的转速传感器的信号，判断主从片是否完全接合，完全接合后电磁换向阀 9 发出指令使之断电，使油路断开，工作腔油液保持在高压状态，蓄能器 10 补偿工作缸因泄露而流失的流量；降压过程，电子控制单元向高速开关阀 13 发出指令，使其占空比按控制策略变化，从而控制工作腔流回油箱的速度，达到控制工作腔内压力的目的，直至主从动片完全分离，该过程结束；回程阶段，在此阶段电子控制装置控制高速开关阀 13 全开，活塞在回位弹簧的作用下回到初始位置，此时电子控制单元使高速开关阀 13 失电，油路断开，至此回程过程结束。

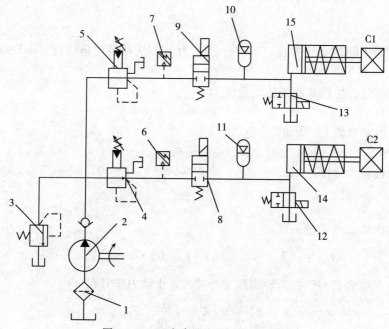

图 6-33 双离合器液压系统的原理

1. 过滤器 2. 液压泵 3. 溢流阀 4、5. 电液比例减压阀 6、7. 压力表
8、9. 电磁换向阀 10、11. 蓄能器 12、13. 高速开关阀 14、15. 工作腔

由上述双离合器液压操纵机构的工作原理知，在整个液压系统中电液比例阀和高速开关阀是关键部件。

6.4.7.2 液压系统计算

本设计所用湿式离合器为轴向平行式湿式离合器，两个离合器技术参数相同，其执行机构参数如表6-10所示。

表6-10 双离合器操纵机构参数

名称	符号	数值
工作腔自由行程	L_1	10mm
压接合行程	L_2	3mm
所用时间	t	0.3s

（1）负载分析 在自由行程阶段，系统轴向负载由摩擦力、惯性力和弹簧力构成，升压阶段时负载最大，包括离合器所需最大正压力和弹簧力，其值为$F_m = 9\,580N$。

（2）供油压力选取 一般的工业控制，供油压力在2.5~14MPa内选取，为方便设计，本设计选取供油压力为2.5MPa。

（3）液压缸有效面积计算 在工程设计中，设计动力元件时常采用近似计算法，即按最大负载力F_m选择动力元件。在动力元件输出特性曲线上：

$$F_m = p_L S = \frac{2}{3} p_s S \tag{6-15}$$

式中：p_L为工作压力（Pa）；S为油缸有效面积（m²）；p_s为供油压力（Pa）。

由式（6-15）可得油缸有效面积为$5.3 \times 10^{-3} m^2$。

（4）控制阀规格计算 活塞平均速度：

$$v = \frac{L_1 + L_2}{t} \tag{6-16}$$

可得$v = 0.043m/s$，取活塞最大速度$v_m = 0.055m/s$。

可得负载流量：

$$q_L = v_m A_p \tag{6-17}$$

由式（6-17）得负载流量值为17.5L/min，比例阀压降为0.7MPa。

（5）选取液压泵 液压泵最高工作压力：

$$p_p = p_1 + \sum \Delta p \tag{6-18}$$

式中：p_1为执行元件最高工作压力（MPa）；$\sum \Delta p$为执行元件进油路中的总压力损失（MPa）。

结合变速器操纵机构，p_1为2.0MPa，$\sum \Delta p$可取0.5MPa，可得p_p为2.5MPa。

液压泵最大流量：

$$q_q = K \sum q_{max} \tag{6-19}$$

式中：$\sum q_{max}$为同时工作的各执行元件所需最大流量之和的最大值（L/min）；K为泄漏系数，取为1.2。由前章知液压缸快进时流量为1.36L/min，可得q_q为22.63L/min。

根据 p_p、q_q 值在《液压元件产品样本》中选择液压泵的规格型号，选取齿轮泵 CB-B32，额定流量 32L/min，容积效率 $\geqslant 0.94$，总效率 η_p 为 0.85，额定工作压力为 2.5MPa，转速为 1 500r/min。

（6）选取电动机 驱动液压泵的电动机功率计算公式：

$$P = p_p q_q / \eta_p \tag{6-20}$$

可得电动机所需功率为 1.09kW，选用功率为 1 200W、转速为 1 800r/min 的无刷直流电机，型号为 YT80，电压为 24V。

（7）选择液压辅件 根据拖拉机 DCT 换挡执行机构液压系统的工作压力及通过液压辅件的实际流量，选择液压辅件的型号和规格，结果如表 6-11 所示。

表 6-11 液压辅件的型号和规格

元件名称	型号	规 格
过滤器	YLX-40×80LC	公称流量 40L/min，滤油精度 80μm
单向阀	DIF-L10H1	21MPa，通径 10mm，正向开启压力 0.035MPa
蓄能器	HXQ-A2.5D	容积 2.5L，压力 17MPa
溢流阀	YF3-10B	0.5～6.30MPa，通径 10mm
压力表	Y-60BF	压力范围 0～4MPa，精度等级 2.5
电磁阀	GDA20	通径 10mm，压力范围 0～6MPa，电压 24V

6.4.8 控制阀的特性分析及选型

6.4.8.1 电液比例阀特性分析

电液比例阀是由比例电磁铁驱动控制，按输入信号的大小实现对流体压力、流量的控制。通常由电控器、电机械转换器、液压功率放大器和检测反馈元件组成，具有响应快、抗污染及成本低等优点，广泛应用于液压控制工程中。

6.4.8.1.1 静态特性

静态特性指系统由瞬态过程进入稳态过程后的输出状态。可用在稳定工况下输入电流由零增加至额定值，又从额定值减小到零的过程中压力或流量的变化曲线来描述，理想情况下该曲线应为通过坐标原点的一条直线，由于阀内存在阻流、摩擦及磁滞等因素，实际曲线是一条封闭的回线。

（1）非线性度 非线性度即为流量曲线的非直线性，可用实际曲线与平均直线的最大电流差值 I_{Lmax} 与流量额定值 I_n 的百分比表示。非线性度越小电液比例阀性能越好，此值一般小于 7.5%。

（2）滞环 滞环为输入电流在额定电流之间做一次往复循环时，输出相同流量对应的输入电流的最大差值 I_{Gmax} 与额定输入电流 I_n 的百分比。滞环越小电液比例阀的性能越好，此值通常小于 7%。

（3）重复精度 重复精度是指多次输入电流，在同一输出压力或流量下输入电流的最大

差值 I_{Rmax} 与额定输入电流 I_n 的百分比。重复精度越小电液比例阀的性能越好。

6.4.8.1.2 动态特性

动态特性用输入阶跃响应下输出量的响应曲线表示，通常阶跃输入的幅值为额定输入电流，或其值的 25% 和 50%。动态响应反映了超调量、超调率、过渡时间等动态指标。超调量是指响应曲线最大值与稳态值的差，超调率是指超调量与稳态值的百分比，过渡时间是指振荡减小到规定值所用时间。如图 6-34 所示。

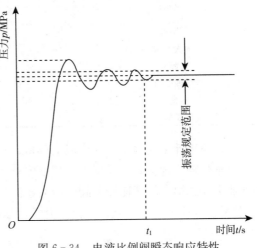

图 6-34 电液比例阀瞬态响应特性

6.4.8.2 高速开关阀特性分析

高速开关阀是一种脉宽调制式数字阀，其控制信号是一系列幅值相等、每一周期内有效脉宽不同的信号，其只有开、关两种状态，流量或压力的控制是通过阀的开启时间长短实现的。高速开关阀不需要 D/A 转换器，具有结构紧凑、响应速度快、重复性好、抗污染能力强、成本低等优点，在液压系统中得到广泛的应用。

（1）开关特性 高速开关阀的开关特性是指在 PWM 信号的作用下，其阀芯位移 x 与时间 t 之间的关系。阀芯位移波形如图 6-35所示，图中 t_1 吸合延迟时间，t_2 吸合运动时间，t_3 释放延迟时间，t_4 释放运动时间，t_1、t_2、t_3、t_4 就是高速开关阀的开关特性参数。高速开关阀的开关特性根据 PWM 脉宽调制信号的占空比的变化而变化。

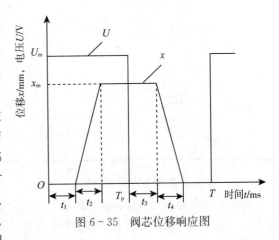

图 6-35 阀芯位移响应图

（2）流量特性 高速开关阀的流量特性可用输入的脉冲或脉宽占空比与输出流量之间的关系和曲线来表示。当占空比比较低时，高速开关阀未打开，处于死区；当占空比较高时，高速开关阀不能实现关闭，处于饱和区。在一般控制系统中，高速开关阀的占空比通常控制在 20%～80%。

脉冲频率对高速开关阀的流量特性存在影响，频率增大，流量特性线性区间减小，非线性曲线区间增加。为了保证流量特性线性区间的长度，高速开关阀的控制信号的工作频率不宜过大。

6.4.8.3 比例阀和高速开关阀选型

（1）电液比例减压阀选型 根据前文所得压力值及系统的工作原理，本章选用的电液比例减压阀为上海力航/MA-RZGO，其基本参数如表 6-12 所示。

表 6-12　MA-RZGO 型电液比例减压阀主要参数

名称	数值	单位
公称通径	10	mm
最大流量	45	L/min
滞环	≤1.5	%
线圈电阻	7.5（最大）	Ω
线性度	+3、−3	%
重复精度	+2、−2	%

（2）高速开关阀选型　综合以上分析，高速开关阀的控制精度受自身响应滞后时间和频率的双重影响，选型时应根据控制精度要求及设计成本综合考虑，选用合适的高速开关阀。根据前文计算得到的高速开关阀的最大通油流量及控制精度要求，选取贵州红林机械厂生产的 HSV-3051 型二位二通常闭高速开关电磁阀，其主要性能参数如表 6-13 所示。

表 6-13　HSV-3051 型高速开关阀主要参数

名称	数值	单位
额定电压	24	V
额定电流	2	A
额定压力	5	MPa
频率	300	Hz
开启时间	3.5	ms
关闭时间	2.5	ms
温度范围	−40~135	℃
寿命	$1×10^9$	次

6.4.8.4　高速开关阀 PWM 控制

高速开关阀是液压伺服系统中的重要组件之一，其通常采用时间比率式（即占空比）脉冲调制方法来控制流量，占空比是阀体导通时间与工作周期之比。高速开关阀采用脉冲流量控制方式时，阀体的开启和关闭受脉冲电信号的控制。图 6-36 是 PWM 控制原理图。

如图 6-36（a）所示，计算机产生控制信号和锯齿波信号，并将两个信号进行比较，当控制信号值大于锯齿波信号值时，高速开关阀打开，反之关闭，控制电压与信号的关系如图 6-36（b）所示，阀门开启时间的长短决定流量的大小，流量的大小与信号及阀门开启时间的关系如图 6-36（c）所示。由于周期短，响应快，控制精度高，加

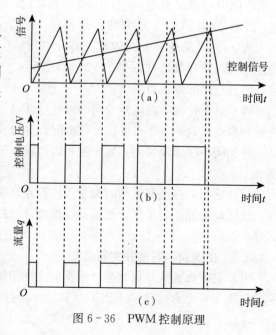

图 6-36　PWM 控制原理

工成本较低，高速开关阀已在很多领域得到广泛应用。

6.4.9 液压系统动力学分析

本部分仅对单个离合器充油过程进行动力学分析，首先将系统简化，设能量源为恒压源，不计电磁换向阀、蓄能器及管路对系统的影响。简化后的系统包括恒压源、电液比例减压阀、压力传感器、工作腔和离合器，如图 6-37 所示。

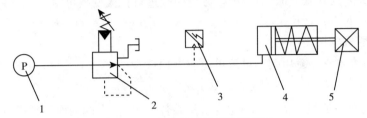

图 6-37 简化的液压系统原理图

1. 恒压源 2. 电液比例减压阀 3. 压力传感器 4. 工作腔 5. 离合器

6.4.9.1 电液比例阀数学模型

（1）比例放大器 比例放大器是电液比例阀的重要组成元件，可以对阀体控制系统提供特定性能电流，并对电液比例阀或电液比例控制系统进行开环或死循环调节。当系统处于低频工作区时，比例放大器可简化成一个放大环节。

设计中选用上海力航公司生产的电液比例放大器，其主要由滤波电路、脉宽调制器、功率放大器、稳压器、PID 调节器、函数发生器、感应式位置反馈用振荡器和解调器等部件构成。该型号比例放大器能够与各种压力和流量比例配合，较好地重现输入信号，由于其频宽远大于比例阀的频宽，可将该比例放大器视为一阶比例环节，其传递函数为

$$H_F(s) = \frac{I(s)}{U(s)} = K_a \qquad (6-21)$$

式中：K_a 为比例放大系数。

（2）电-机械转换器 这里所选电液比例阀的电-机械转换器是比例电磁铁，它将输入的电信号转换为力、位移等机械量。比例电磁铁是电液放大器的前置级，故它的性能影响整个元件的特性。比例电磁铁的线圈动态过程的微分方程：

$$u = L\frac{di}{dt} + iR + K_c\frac{dy}{dt} \qquad (6-22)$$

式中：L 为线圈动态电感（H）；R 为线圈和比例放大器内阻（Ω）；K_c 为线圈感应电势系数；y 为阀芯位移（m）。

对上式两端进行拉氏变换可得

$$U(s) = sLI(s) + RI(s) + sK_cY(s) \qquad (6-23)$$

（3）阀芯受力方程 将电磁铁阀芯和主阀阀芯合并建模，其受力方程：

$$F_B - A_0 P_L = m\frac{d^2y}{dt^2} + D\frac{dy}{dt} + K_1 y \qquad (6-24)$$

式中：F_B 为比例电磁铁输出的力（N）；A_0 为阀芯端面面积（m²）；P_L 为电液比例阀

出口压力即外负载压力（Pa）；m 为主阀阀芯和电磁铁阀芯质量（kg）；D 为阻尼系数（N·s/m）；K_1 为复位弹簧刚度（N/m）。

比例电磁铁输出力：

$$F_B = K_i i - K_y y \qquad (6-25)$$

式中：K_i 为比例电磁铁的电流力增益（N/A）；K_y 为比例电磁铁位移力增益（N/mm）。

将式（6-25）代入式（6-24）中，方程两端进行拉氏变换可得：

$$K_i I(s) - K_y Y(s) - A_0 P_L(s) = s^2 m Y(s) + s D Y(s) + K_1 Y(s) \qquad (6-26)$$

6.4.9.2 工作腔数学模型

（1）流量压力方程　减压阀出口流量压力方程：

$$q_L = C_d W_y \sqrt{2(p - p_L)/\rho} \qquad (6-27)$$

式中：q_L 为负载流量（m³/s）；C_d 为流量系数；W_y 为滑阀的面积梯度（m）；p 为输入压力（Pa）；ρ 为油液密度（kg/m³）。

将式（6-14）线性化：

$$q_L = K_q y + K_p P_L \qquad (6-28)$$

式中：K_q 为流量增益系数；K_p 为压力增量系数。

（2）流量连续性方程　假设温度不变，忽略管道和流体质量对系统的影响，可得工作腔流量连续性方程：

$$q_L = A \frac{dx}{dt} + \frac{V}{J} \frac{dP_L}{dt} - A_0 \frac{dy}{dt} \qquad (6-29)$$

式中：A 为工作腔活塞作用面积（m²）；x 为工作腔活塞位移（m）；V 为从滑阀出口到液压缸活塞的容腔容积（m³）；J 为油液体积弹性模量（Pa）。

将式（6-29）代入式（6-28）中，并对两端进行拉氏变换可得

$$K_q Y(s) + K_p P_L(s) = s A X(s) + s \frac{V}{J} P_L(s) - s A_0 Y(s) \qquad (6-30)$$

（3）工作腔力平衡方程　对工作腔活塞分析可知，其在运动中轴向所受力为油液压力、弹簧力和黏性阻尼力。可得工作腔活塞力平衡方程：

$$P_L A = M \frac{d^2 x}{dt^2} + K x + B \frac{dx}{dt} \qquad (6-31)$$

式中：M 为活塞质量（kg）；K 为回位弹簧的弹簧刚度（N/m）；B 为黏性阻尼系数。

对上式两端进行拉氏变换可得

$$A P_L(s) = s^2 M X(s) + K X(s) + s B X(s) \qquad (6-32)$$

6.4.9.3 传递函数建立

下面建立电压信号、电流信号、阀芯位移、工作腔油压和活塞位移之间的传递函数。

由式（6-19）可得以工作腔油压为输入，活塞位移为输出的传递函数：

$$H_X(s) = \frac{X(s)}{P_L(s)} = \frac{A}{M s^2 + B s + K} \qquad (6-33)$$

将式（6-33）代入式（6-17）可得以阀芯位移为输入，工作腔油压为输出的传递函数：

$$H_{P_L}(s) = \frac{P_L(s)}{Y(s)} = \frac{J(A_0 M s^3 + E_1 s^2 + E_2 s + K_q K)}{V M s^3 + E_3 s^2 + E_4 s - K_p J K} \tag{6-34}$$

式中：

$$E_1 = M + A_0 B \tag{6-35}$$

$$E_2 = K_q B + A_0 K \tag{6-36}$$

$$E_3 = V B - K_p J M \tag{6-37}$$

$$E_4 = J A^2 + K - K_p J B \tag{6-38}$$

将式（6-33）代入式（6-35）中，可得以电流信号为输入、阀芯位移为输出的传递函数：

$$H_Y(s) = \frac{Y(s)}{I(s)} = \frac{K_i(V M s^3 + E_3 s^2 + E_4 s + K_p J K)}{m V M s^5 + E_5 s^4 + E_6 s^3 + E_7 s^2 + E_8 s + E_9} \tag{6-39}$$

式中：

$$E_5 = m E_3 + D V M \tag{6-40}$$

$$E_6 = (K_y + K_1) V M + m E_4 + D E_3 + A_0^2 J M \tag{6-41}$$

$$E_7 = (K_y + K_1) E_3 - m K_p J K + D E_4 + A_0 J E_1 \tag{6-42}$$

$$E_8 = (K_y + K_1) - D E_p J K + A_0 J E_2 \tag{6-43}$$

$$E_9 = A_0 J K_q K + K_p J K \ (K_y + K) \tag{6-44}$$

将式（6-38）代入式（6-22）中，可得以电压信号为输入、电流信号为输出的传递函数：

$$H_1(s) = \frac{I(s)}{U(s)} = \frac{m V M s^5 + E_5 s^4 + E_6 s^3 + E_7 s^2 + E_8 s + E_9}{m L V M s^6 + E_{10} s^5 + E_{11} s^4 + E_{12} s^3 + E_{13} s^2 + E_{14} s + R E_q} \tag{6-45}$$

式中：

$$E_{10} = L E_5 + m V M R \tag{6-46}$$

$$E_{11} = R E_5 + L E_6 + K_c K_i V m \tag{6-47}$$

$$E_{12} = R E_6 + L E_7 + K_c K_i E_3 \tag{6-48}$$

$$E_{13} = R E_7 + L E_8 + K_c K_i E_4 \tag{6-49}$$

$$E_{14} = R E_8 + L E_9 + K_c K_i J K \tag{6-50}$$

这里所用传感器为压阻式压力传感器，压阻式压力传感器由应变电阻丝和补偿电阻构成。研究表明，传感器工作时，输出电压信号与输入油压信号呈线性关系。因此，其传感器转换特性在一定压力和信号频率范围可简化为比例环节，传递函数表达式为

$$H_C(s) = \frac{u_f(s)}{p_c(s)} = K_c \tag{6-51}$$

式中：u_f 为反馈电压（V）；p_c 为测量压力值（Pa）；K_c 为反馈系数。

综上可得系统传递函数框图，如图6-38所示。

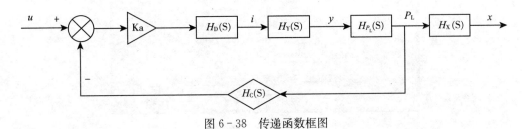

图6-38 传递函数框图

第7章 拖拉机双离合器自动变速器实体建模与有限元分析

7.1 三维实体建模方法及软件简介

早期的机械设计，其零部件关系体现通常是采用二维平面图来表示。这种方法在设计零部件比较复杂的机械时，工作量较大，而且难以直接反映机械零部件之间的空间位置关系，更无法通过运动检查其是否存在干涉现象。随着计算机辅助工程（CAE）技术的不断发展，三维实体建模、虚拟装配等手段逐步得到了广泛应用，通过参数化建模不但直观准确，而且工作效率高，在机械设计中发挥着越来越大的作用，应用愈加广泛。

拖拉机变速器中的零部件主要有齿轮和轴，此外还有许多密封件和标准件，按照实际行业标准进行建模工作量巨大。本章在建立模型的过程中，在不影响尺寸和结构强度的情况下，对零部件适当简化处理。下面以I挡主动齿轮 Z_4 参数化三维实体模型的建立过程为例，说明变速器零件的创建方法：

①通过"参数"命令，添加渐开线直齿圆柱齿轮的数据，创建分度圆、基圆、齿顶圆、齿根圆。命令内容如图7-1所示。

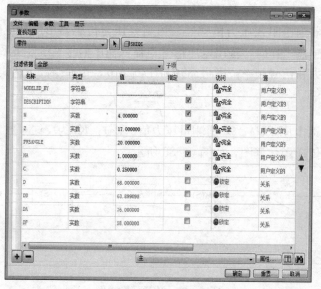

图7-1 参数命令

②通过"关系"命令，创建渐开线直齿圆柱齿轮的关系式和渐开线曲线，这是生成齿轮齿形很关键的一步，其命令内容如图7-2所示。

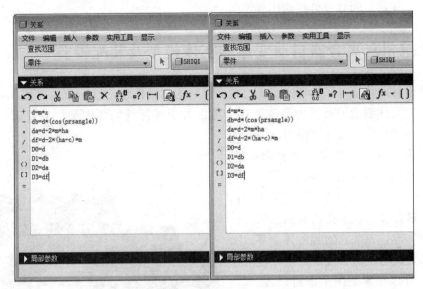

图7-2 关系命令

③通过以上步骤在 Pro/E 中建立了齿轮齿形，然后通过"阵列""拉伸""去除材料"等命令完成后续工作并生成三维实体模型，效果如图7-3所示。

由于本设计中，并不需要非常精确的齿轮参数，所以只是画出了比较简化的模型。本设计中的其他零部件，在保证参数正确、不影响结构强度的情况下，均做了相应的简化处理。利用"拉伸""扫描""渲染"等命令建立变速器剩余零部件，由于变速器结构比较复杂，零部件较多，所以本章只选取几个零部件的三维实体模型进行展示说明。下面分别为摩擦片、离合器外壳、同步器和传动轴的三维实体模型，如图7-4所示。

图7-3 齿轮三维实体模型　　　　　图7-4 DCT变速器零件三维实体模型

Pro/E 第一个提出了参数化设计的概念，并且采用了单一数据库来解决特征的相关性问题。另外，它采用模块化方式，用户可以根据自身的需要进行选择，而不必安装所有模块。Pro/E 的基于特征方式，能够将设计至生产全过程集成到一起，实现并行工程设计。它不但可以应用于工作站，而且也可以应用到单机上。

7.2 拖拉机双离合器自动变速器实体模型及装配检验

本章所设计的传动方案主要由双离合器壳体、湿式摩擦片、齿轮轴系、动力输出轴和同步器组成。以实际制造的要求为基础，充分考虑各个零部件的强度和尺寸要求，在 Pro/E 中建立各个零部件的三维实体模型。

变速器齿轮众多，装配关系复杂，所以采用自底向上的方法，即先将零件设计好再导入到 Pro/E 中。将相关零件组装成子装配体，最后把所有的子装配体装配在一起，完成总的装配体。零部件通过参数化方式进行建模，所以完成装配后还可以在装配图中进行修改。对装配模型中任一零件的修改，都会自动保存到整个数据库中，保证了模型数据信息的统一性。

完成变速器装配后，为了让相关人员更直观清楚地看到装配模型中各零件之间的相互关系，在 Pro/E 中采用分解视图的方式来实现这一要求。本章设计的拖拉机 DCT 分解视图如图 7-5 所示。

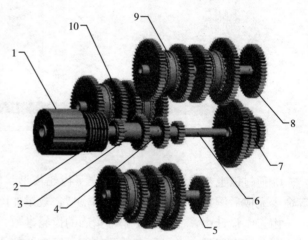

图 7-5 拖拉机 DCT 分解视图
1. 双离合器壳体 2. 离合器摩擦片 3. 偶数挡齿轮轴
4. 奇数挡齿轮轴 5. 第一中间轴 6. 动力输出轴
7. 末端齿轮 8. 第二中间轴 9. 同步器 10. 第三中间轴

拖拉机 DCT 变速器中零部件数量较多，如果出现设计尺寸错误，就会造成零部件的运动干涉。当装配完成时，可以在 Pro/E 中进行干涉分析，检查可能出现的设计错误，提醒设计人员及时更正。

对于复杂的机械结构来说，其产生干涉的原因主要有 3 种：

①在零部件的设计初期阶段，由于设计者的计算错误，致使零部件尺寸出现错误，从而导致装配中出现干涉情况。

②零部件在装配时，由于选择路径错误，导致装配中出现干涉情况。

③零部件之间的约束不够、错误或者装配顺序选择不合理，也会出现装配干涉。

导入创建完成的装配图，在 Pro/E 中运行分析模块，选择"全局干涉"检查模型，其结果如图 7-6 所示。

查看检查结果，发现存在一处运动干涉。干涉结果通过命令窗口进行提示，同时通过三维模型图显示错误结果出现的位置，如图 7-6 所示。在检查结果中可以查看具体错误信息，发现是齿轮在与轴的匹配过程中出现错误，然后进行更正。将更正过后的模型重新装配，再

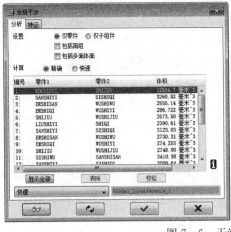

图 7-6 干涉检查结果

次运行"干涉检查"模块，无报错结果出现，显示装配设计合理。

所以在虚拟模型装配过程中，通过 Pro/E 中提供的干涉检查功能，能够有效地发现可能出现的零部件错误情况，使设计者能够及时更正错误，为设计的正确性和合理性提供了一个有效的方法。

7.3 拖拉机双离合器自动变速器有限元分析

7.3.1 有限元软件简介

有限元法（finite element method）是随着电子计算机的广泛应用和对结构力学的分析而迅速发展起来的一种现代计算方法。20 世纪 50 年代首先在连续体力学领域——飞机结构静、动态特性分析中应用的一种有效的数值分析方法，随后很快广泛应用于求解热传导、电磁场、流体力学等连续性问题。经过了几十年的发展和完善，各种专用的和通用的有限元软件已经使有限元方法转化为社会生产力。常见通用有限元软件包括 ANSYS、Abaqus、LMS-Samtech、Algor、Hypermesh、COMSOL Multiphysics 等。

自 ANSYS 7.0 开始，ANSYS 公司推出了 ANSYS 经典版（Mechanical APDL）和 ANSYS Workbench 版两个版本，并且目前均已开发至 2021 R1 版本。Workbench 是 AN-SYS 公司提出的协同仿真环境，解决企业产品研发过程中 CAE 软件的异构问题。面对制造业信息化大潮、仿真软件的百家争鸣双刃剑、企业智力资产的保留等各种工业需求，AN-SYS 公司提出的观点是保持核心技术多样化的同时建立协同仿真环境。

ANSYS Workbench 仿真平台能对复杂机械系统的结构静力学、结构动力学、刚体动力学、流体动力学、结构热、电磁场以及耦合场等进行分析模拟。

7.3.2 拖拉机双离合器自动变速器静力学分析

静力分析的定义：静力分析计算在固定不变的载荷作用下结构的效应，它不考虑惯性和阻尼的影响，如结构随时间变化载荷的情况。静力分析中的载荷静力分析用于计算由那些不包括惯性和阻尼效应的载荷作用于结构或部件上引起的位移、应力、应变和力。固定不变的载荷和响应是一种假定，即假定载荷和结构的响应随时间的变化非常缓慢。静力分析所施加的载荷包括外部施加的作用力和压力、稳态的惯性力、位移载荷、温度载荷。

静态分析有限元法是指求解不随时间变化的系统平衡问题，如线弹性系统的应力等。线性方程的等效方程为

$$[K] \times \{u\} = \{F\} \tag{7-1}$$

$$[K] \times \{u\} = \{F_a\} \times \{F_r\} \tag{7-2}$$

式中：$[K]$ 为总刚度矩阵，$[K] = \sum\limits_{i=1}^{n} [K_e]$，其中，$[K_e]$ 为单元刚度矩阵，n 为单元数，i 表示第 i 个单元；$\{u\}$ 为节点的位移矢量；$\{F_a\}$ 为所受的总外载荷；$\{F_r\}$ 为支反载荷矢量。

通过解式（7-1）和式（7-2），得出各节点的位移矢量 $\{u\}$。根据位移插值函数，由弹性力学中给出的应变和位移及应变和应力的关系，得出单元节点的应变和应力表达式：

$$\{\varepsilon_d\} = [B] \times \{u\} - \{\varepsilon_{th}\} \tag{7-3}$$

$$\{\sigma\} = [D] \times \{\varepsilon_{el}\} \tag{7-4}$$

式中：$\{\varepsilon_{el}\}$ 为由应力引起的应变；$[B]$ 为节点上的应变，即位移矩阵；$\{u\}$ 为节点的位移矢量；$\{\varepsilon_{th}\}$ 为热应变矢量（本章不考虑）；$\{\sigma\}$ 为应力矢量；$[D]$ 为弹性矩阵系数。

求解式（7-3）和式（7-4），得到各节点相应的应力。综上所述，用有限元分析法求出结构的节点位移及节点应力，得到结构静态特性分析结果。

7.3.2.1 齿轮静力分析

拖拉机双离合器自动变速器包含多个齿轮和轴，在前几章中分别涉及了其计算方法和计算结果，本章利用 ANSYS Workbench 14.5 对其进行有限元分析计算，进一步校验设计结果是否满足设计需要。还可以通过有限元分析，查找设计中的缺陷，指出改进的方法，优化设计结果。本章通过简化处理过的三维实体模型，分析工作环境相对恶劣，可能会发生轮齿折断或者轴扭曲变形的齿轮轴系来说明设计结果和思路。

拖拉机在Ⅰ挡工作时，齿轮轴系由静止开始运动，随着载荷的施加，有可能发生冲击引起大的应变，而且Ⅰ挡齿轮轴系承受最大的转矩和高转速，所以有必要选取Ⅰ挡齿轮副进行结构静力分析，其材料特性如表 7-1 所示。

表 7-1　齿轮材料特性

名称	材料	弹性模量/Pa	泊松比	密度/(g/cm³)
Ⅰ挡齿轮副	20CrMnTi	2.07×10^{11}	0.25	7.8

利用得到的齿轮轴系参数，在 Pro/E 中建立三维实体模型并进行适当简化，通过 Pro/E 与 ANSYS Workbench 14.5 之间的专用接口导入 ANSYS Workbench 14.5 中。模型导入以后，需要对模型进行有限元分析前处理，首先是在"Engineering Data"中定义模型使用的材料，根据第 7 章的设计结果，齿轮材料使用 20CrMnTi 渗碳合金钢，输入材料的密度、弹性模量和泊松比等参数，可以得到材料的交变应力图，如图 7-7 所示。

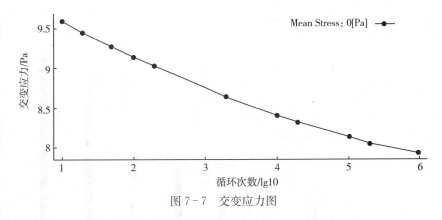

图 7-7 交变应力图

　　齿轮的模型得到一定简化，所以可以使用 ANSYS Workbench 14.5 的"Sweep"命令对其网格智能划分。利用软件接口导入三维实体模型，设定网格的精度，然后运行软件得到有限元模型，图 7-8 为齿轮副的有限元模型。

图 7-8 齿轮副有限元模型

　　在有限元分析中，网格划分是前期一个非常重要的步骤，网格划分的精度、数量、单元类型直接影响着分析结果的准确性。在网格划分中，最重要的是设定单元类型和精度。有时候还需要通过建立分割体，进行区域网格划分，对分析结果影响较大的重要部位选取更合适的单元类型和更高的精度；对分析结果影响较小的部位可以适当选取较低的精度和比较粗大的单元类型。

　　在 ANSYS Workbench 14.5 中提供了"Element Quality"功能，列出网格划分的类型、数量和质量，通过图表的方式显示给使用者，使其在划分网格后对有限元模型有了一个比较直观的感受。图 7-9 即为本次网格划分的结果，图表显示网格质量总体处于上等，可以满足分析计算的需要。

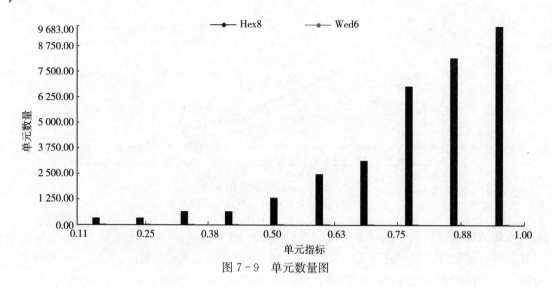

图 7 - 9　单元数量图

　　划分好网格，施加边界条件和载荷。实际工作环境中，小齿轮为主动齿轮，通过同大齿轮啮合，然后通过末端齿轮，将动力输出到主动减速器上。所以固定大齿轮，在小齿轮上施加固定转矩，同时将小齿轮做圆柱约束，释放 Z 轴。

　　施加边界条件和载荷后，检查求解信息无误，就可以利用 ANSYS Workbench 14.5 中的 "Solution" 模块进行求解了。在该模块中，提供各种分析结果，以列表形式显示，供使用者随时查看。有限元分析中，求解力必须是收敛的，在计算过程中就可以在 "Solution output" 中查看，如果求解过程过长而且力不收敛，就要停止求解检查前面设置是否有错误。图 7 - 10 为本次求解的收敛力曲线，可以看出力是收敛的，计算结果便能顺利得出。

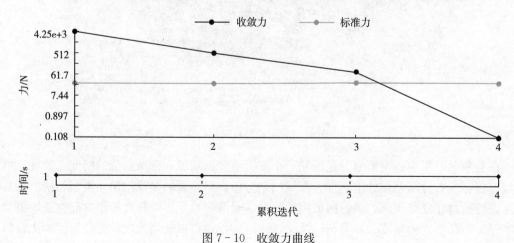

图 7 - 10　收敛力曲线

　　求解结束，得到有限元模型在外载荷下的应力应变云图和位移云图。图 7 - 11 至图 7 - 16 为齿轮的应力应变云图和位移云图。由图可知，齿轮最大 Mises 应力位于大齿轮加载轮齿背面的齿根处，最大应力为压应力，其值为 233.7MPa。在轮齿渐开线的根处出现了应力集中，此应力集中是由作用在节点上的集中载荷引起的，并非齿轮的实际受力情况，所以可以将此节点与临近的节点耦合，以此来消除此处的应力集中，对计算结果没有太大的影响。查看拖拉机设计手册，齿轮齿根处的最大应力小于许用应力值295MPa，齿轮轮齿的强度足够，满足使用要求。另外，可以观察到，在齿轮单齿啮合时，只有与啮合轮齿一个轮齿上会产生较小的应力，而对第二个或第二个以上相邻轮齿几乎没有影响，可以忽略。由齿轮位移云图可以看出，齿轮最大变形发生在齿轮齿顶处，最大变形量为0.079mm，通过查看X、Y、Z方向上的变形也可以看出变形量很小，在允许范围，说明该设计达到设计要求。

图7-11　等效应变图

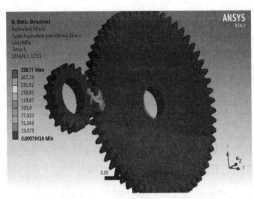

图7-12　等效应力图

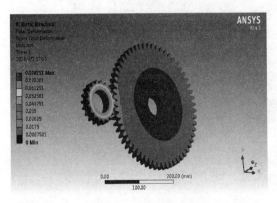

图7-13　总变形图

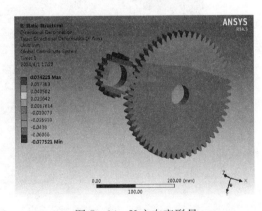

图7-14　X方向变形量

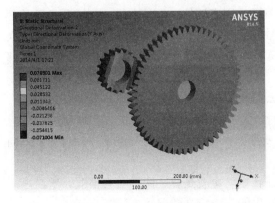

图7-15　Y方向变形量

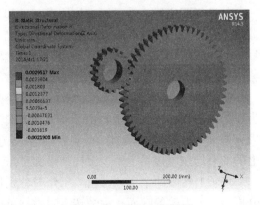

图7-16　Z方向变形量

7.3.2.2 轴静力分析

变速器传动轴在实际工作环境中直接承受从发动机传来的转矩，同时还要高速旋转，工作环境也比较恶劣。将在 Pro/E 中建立的轴的三维实体模型进行适当简化，通过 Pro/E 与 ANSYS Workbench 14.5 之间的专用接口导入 ANSYS Workbench 14.5 中。模型导入以后，对模型进行有限元分析前处理，在"Engineering Data"中定义模型使用的材料，有前面的设计结果，齿轮材料使用 40Cr 合金钢，输入材料的密度、弹性模量和泊松比等参数，其材料特性如表 7-2 所示。

表 7-2　轴材料特性

名称	材料	弹性模量/Pa	泊松比	密度/(g/cm³)
传动轴	40Cr	2.11×10^{11}	0.3	7.85

在 ANSYS Workbench 14.5 中对其进行智能网格划分。利用软件接口导入三维实体模型，设定网格的精度，然后运行软件得到有限元模型。有限元模型的建立为下一步进行结构静力有限元分析做好准备。图 7-17 为轴的有限元模型，在"Element Quality"中查看单元质量和数量，总体满足分析计算的需要。

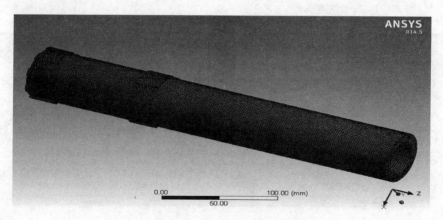

图 7-17　轴的有限元模型

划分好网格后，就可以施加边界条件和载荷了。固定轴的一端，在另一端装配齿轮的部分加上设计转矩，选取端面根据右手定则确定轴的旋转方向。检查各个求解条件，确认无误后进行加载求解。求解结束，得到轴有限元模型在外载荷下的节点应力应变云图和位移云图。

图 7-18 至图 7-23 为传动轴的应力应变云图和位移云图。由图可知：最大应力出现在齿轮与轴的装配接触面上，由于轴上有转矩的作用，所以在轴的轴向方向上出现了扭转应力，最大应力为 41.976MPa。观察轴的总位移变形图，最大变形 0.079mm，X、Y、Z 方向上的变形均在可接受范围，设计结果满足需要。

该轴上转配两个主动齿轮，工作时分别传递转矩，也就是存在两种受力情况，所以还需分析另一个齿轮的端面在承受转矩时，轴可能发生的应力应变情况。

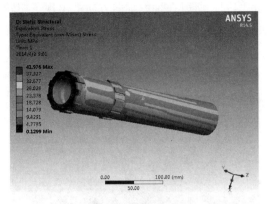

图 7-18　应力云图

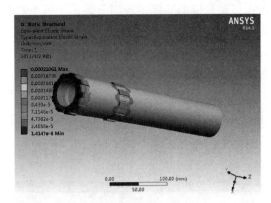

图 7-19　应变云图

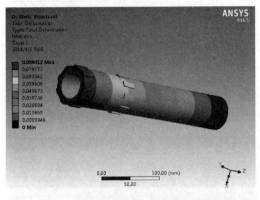

图 7-20　总变形图

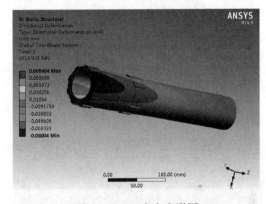

图 7-21　X 方向变形图

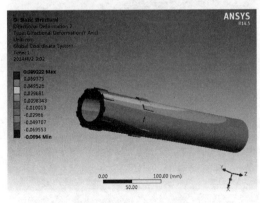

图 7-22　Y 方向变形图

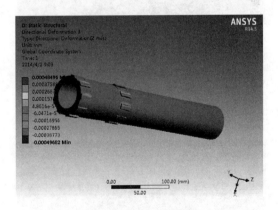

图 7-23　Z 方向变形图

保持边界条件不变，在轴的支撑端施加一个固定位移，将原来齿轮端面施加的设计载荷"Delete"去掉，在另一个齿轮端面上施加上设计载荷，同时旋转方向还根据右手定则确定。

检查各个求解条件，确认无误后，进行求解。得到轴有限元模型在外载荷下的节点应力应变云图和位移云图。

图 7-24 至图 7-29 为传动轴的应力应变云图和位移云图。由图可知：最大应力仍是出

现在齿轮与轴的装配接触面上，由于轴上有转矩的作用，所以在轴的轴向方向上出现了扭转应力，最大应力为37.846MPa，比转矩作用在另一个齿轮端面的应力要小，这是由于力臂减小，转矩作用减小。观察轴的总位移变形图，最大变形0.063mm，X、Y、Z方向上的变形均在可接受范围，设计结果满足需要。

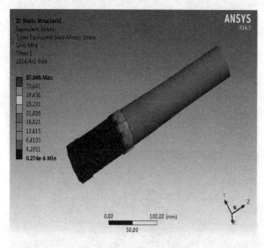

图7-24　应力云图

图7-25　应变云图

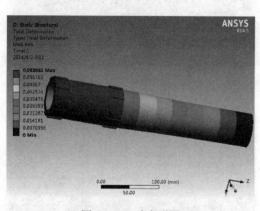

图7-26　总变形图

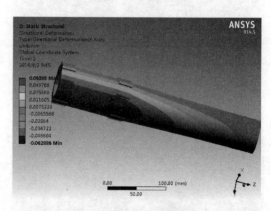

图7-27　X方向变形图

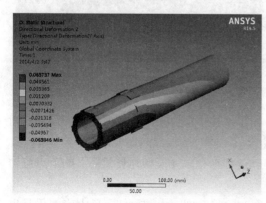

图7-28　Y方向变形图

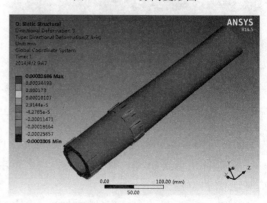

图7-29　Z方向变形图

7.3.3 拖拉机双离合器自动变速器动力学分析

静力分析可能会保证变速器内一个零部件能够承受稳定的载荷，但在实际工作环境中，载荷的变化经常会发生，还有可能受到外力的冲击。模态分析是 ANSYS Workbench 14.5 动力分析中的一个重要内容，可以通过模态分析来获取设计结构的固有频率和振型，这是动态载荷结构设计中的重要参数。同时，模态分析还是其他动力分析的基础，如动力学分析、谐响应分析和谱分析。齿轮轴系是传动中重要的机械结构，轴在高速运转中如果受到内部或者外部的激励，很有可能会发生机械共振，造成系统发生破坏。为了避免这种可能出现的破坏，有必要对重要零部件进行模态分析，在进行结构设计时，有目的地避开这些固有频率。

拖拉机双离合器自动变速器在工作时，齿轮轴系需要承受巨大的转矩和高转速，在力的作用下一旦外载荷与结构固有频率相同，必然发生共振，就会造成结构屈服。研究表明，共振是零部件发生疲劳损伤的主要诱因之一，这就需要在设计阶段就对其进行模态分析，防止可能出现的结构缺陷。这里对高转速下的中间轴进行模态分析，对得出的分析结果进行说明，以此为例说明设计的特点和思路。

轴的固有振动分析

齿轮轴系在工作过程中，因为受到周期性冲击载荷的作用，产生振动的高频分量就是其固有的振动频率。齿轮轴系的固有振动频率一般是指扭转振动的固有频率，齿轮轴系的扭振主要由轴的扭振和轮齿的弹性扭振组成。

影响齿轮轴系固有频率的因素很多，如轮齿的刚度大小、齿轮副的大小、轴的刚度大小、润滑油膜厚度及各种阻尼等。

模态分析中的无阻尼自由振动方程为

$$[M]\{\ddot{\delta}\}+[K]\{\delta\}=0 \qquad (7-5)$$

通过离散的数学模型确定质量矩阵 $[M]$ 和刚度矩阵 $[M]$，在自由振动可分解为一系列简谐振动的叠加，式（7-5）的解为

$$\{\delta\}=\{\delta_0\}e^{j\omega t} \qquad (7-6)$$

式中：$\{\delta_0\}$ 为各节点的振幅向量（振型）；ω 为与振型相对应的频率。

将式（7-6）代入式（7-5）得

$$([K]-\omega^2[M])\{\delta_0\}=0 \qquad (7-7)$$

式（7-7）是齐次的线性代数方程组，结构自由振动各节点振幅 $\{\delta_0\}$ 不可能全部为零，要有非零解，要求系数行列式必须为零，即：

$$|[K]-\omega^2[M]|=0 \qquad (7-8)$$

然后通过求解式（7-8）的特征值问题，确定系统的固有频率和振型。如果经离散化后有 n 个自由度，则式（7-8）是一个关于 2 的 n 次一元方程，由此可确定 n 个固有频率，进一步由式（7-7）确定系统的振型。有限元模型的自由度 n 是非常大的，一般实际工程只需求出少数几个最低频率。

轴的模态分析过程：

在 ANSYS Workbench 14.5 中对中间轴进行智能网格划分。得到轴的有限元模型如图 7-30 所示，在 "Element Quality" 中查看单元质量和数量，总体满足分析计算的需要。

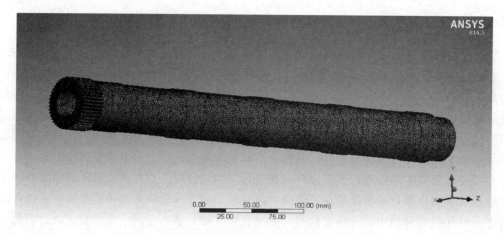

图 7-30　轴的有限元模型

　　划分好网格后，施加边界条件和载荷。选取中间轴的一端进行位移约束，无阻尼模态分析不需要施加预应力。

　　检查各个求解条件，确认无误后进行加载求解。求解结束，得到轴有限元模型的前十阶振型图和固有频率图，如图 7-31 至图 7-39 所示。

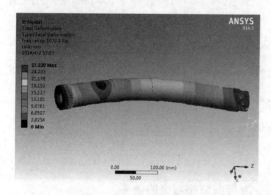

图 7-31　三阶振型图

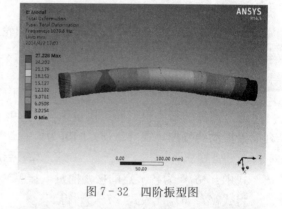

图 7-32　四阶振型图

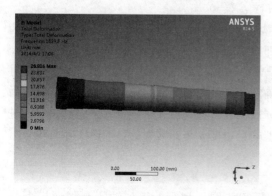

图 7-33　五阶振型图

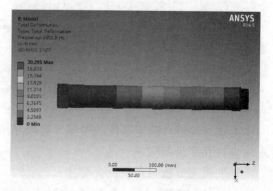

图 7-34　六阶振型图

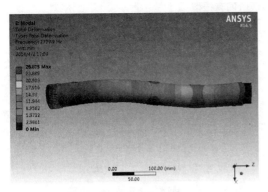

图 7-35　七阶振型图

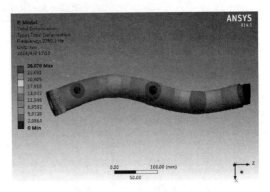

图 7-36　八阶振型图

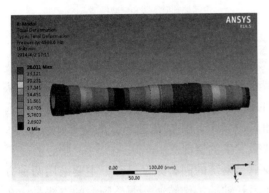

图 7-37　九阶振型图

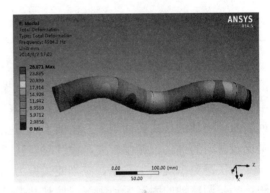

图 7-38　十阶振型图

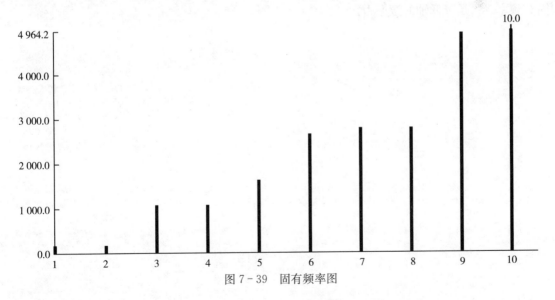

图 7-39　固有频率图

通过分析总结，将中间轴的低阶固有振型归纳如表 7-3 所示。

表 7-3　中间轴的低阶固有振型

阶数	频率	振型
1	179.68	左侧花键轴部分径向小变形振动
2	179.70	左侧花键轴部分径向小变形振动
3	1 070.8	轴中间部分上下振动
4	1 070.9	轴中间部分上下振动
5	1 623.8	左端花键及相邻部分轴向膨胀振动
6	2 651.9	左端花键及相邻部分小变形振动
7	2 779.9	中间轴上下振动
8	2 780.2	中间轴上下振动
9	4 888.6	中间轴轴向膨胀和缩减振动
10	4 964.2	中间轴上下振动

　　由表 7-3 可以看出，对折振是齿轮副的主要振动形式。对折振主要表现为轴向出现波浪振型。前两阶频率较小而且差别也不大，振型变现也相同都是花键部分的小变形振动。从第三阶开始频率增大，最大变形表现在 X 方向的变形。第九阶和第十阶固有频率很大，远远超过中间轴的最高转动频率。由前十阶振型图可以得出，轴在花键部分的变形比较集中，是比较薄弱的部位，振幅较大，设计时应注意共振发生的情况。

　　为了避免系统发生共振，应当使激振力的频率与系统的固有频率错开。主要采用两种方法：一是调整轴的固有振动频率，使其共振转速离开轴的工作转速。调整频率的方法是，在轴的某一部位增加或减少质量，以改变要调振型的模态刚度和模态质量，从而改变该振型的固有频率。二是降低轴的激振力。

第8章 拖拉机双离合器自动变速器换挡控制技术

8.1 换挡过程动力学分析

8.1.1 发动机传递转矩特性

随着发动机负荷的减小，发动机转速逐渐升高，同时油门开度也随之增加，导致发动机转速继续升高，直至飞车。反之，随着发动机负荷的增大，发动机转速逐渐降低，油门开度也随之减小，导致发动机转速进一步降低，直至熄火。因此，发动机速度特性不符合拖拉机的使用需求，需要安装调速器。调速特性是指在调速手柄位置固变不定的情况下，发动机的输出转矩、燃油消耗率和输出功率随发动机转速变化而变化的关系。调速特性曲线包括外特性曲线和调速曲线。

发动机建模包括实验建模和理论建模两种方法。其中，理论建模法比较精确，能较为准确地反映发动机的瞬态工况，但其涉及复杂的热力学方程，不易建模。实验建模法是通过做发动机的台架实验，测得发动机不同油门开度下的转速、输出转矩和燃油消耗量等数据，并将这些数据按照一定的方法处理后输入数据库，当需要时即可通过查表取得所需数据。实验建模法可通过查表插值取得实验数据，易于实现。由于拖拉机 DCT 的换挡特性是本章的主要研究对象，因此为了简化，通过实验建模法建立发动机仿真模型。在拖拉机换挡过程中，主要应用的是发动机输出转矩与转速的变化关系。

表 8-1 列出了台架试验中测得的发动机输出转矩、转速和油门开度三者变化的稳态试验数据。

表 8-1 拖拉机发动机输出转矩—转速特性试验数据

$T_{e0}/(\text{N}\cdot\text{m})$ \\ $\alpha/\%$ $n_e/(\text{r/min})$	30	40	50	60	70	80	90	100
800	390	390	390	390	390	390	390	390
1 000	442	442	442	442	442	442	442	442
1 200	486.6	486.6	486.6	486.6	486.6	486.6	486.6	486.6
1 400	295	515	515	515	515	515	515	515
1 600		412	462	523	523	523	523	523
1 800		395	431	477	510.6	510.6	510.6	510.6
2 000			295	367	412	484	484	484
2 200				190	295	363	452.5	452.5
2 400						68	132	220

大量的实验研究表明，发动机输出转矩可以表示成发动机转速与油门开度的函数，其函数关系式可表示为

$$T_{e0} = f(\alpha, n_e) \qquad (8-1)$$

式中：T_{e0} 为发动机稳态时输出的转矩；α 为油门开度。

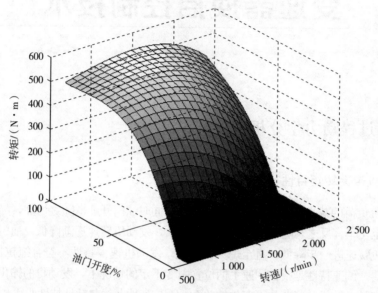

图 8-1 发动机稳态输出转矩模拟曲面

本章采用的是与东方红-1804 拖拉机匹配的型号为 SC8D215G2 的柴油发动机，发动机稳态转矩特性如图 8-1 所示。

为了研究方便，利用 Matlab 中的函数 Polyfit（x，y，n）对一定油门开度下发动机输出转矩与转速进行拟合，得到的拟合关系式如下：

$$T_{e0} = b_1 n_e^3 + b_2 n_e^2 + b_3 n_e + b_4 \qquad (8-2)$$

式中：b_1、b_2、b_3、b_4 为拟合系数。

不同油门开度下同一转速之间的稳态转矩输出值可通过差值求得。

油门开度是影响离合器换挡过程的重要因素，后文设置仿真工况时，取油门开度为 $\alpha = 100\%$，图 8-2 为该油门开度下不同转速在调速特性曲线下对应的转矩值。

在拖拉机作业过程中，柴油发动机在非稳态工况下运转的时间所占的比例可达 90% 左右。相关研究表明，柴油发动机在非稳态和稳态两种工况下的输出转矩特性差别比较大。如拖拉机加速时，柴油发动机的混合气体浓度变小，此时与稳态工况相比，柴油发动机输出的转矩要小，输出的转矩会有一定的下降，且下降量一般小于柴油发动机最大输出转矩的 4%～5%，柴油发动机的角加速度与下降量近似为线性关系；拖拉机减速时，柴油发动机的混合气体浓度变大，此时与稳态工况相比，柴油发动机输出的转矩要大，输出的转矩会有一定的上升，柴油发动机的角加速度与上升量近似为线性关系。

由上可知，在非稳态工况下，柴油发动机的输出转矩可通过对在稳态工况下柴油发动机输出转矩进行修正得到。修正后的柴油发动机非稳态工况下输出转矩表示为

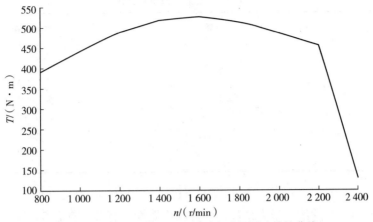

图 8-2　油门开度 $\alpha=100\%$ 时发动机调速特性曲线

$$T_e=T_{e0}-\lambda\dot{\omega}_e=T_{e0}-\frac{\lambda}{2\pi}\dot{n}_e \qquad (8-3)$$

式中：T_e 为修正后的柴油发动机非稳态工况下输出转矩（N·m）；ω_e 为柴油发动机的曲轴转速（r/s）；λ 为柴油发动机在非稳态工况下输出转矩下降系数。

8.1.2　机组动力学特性

拖拉机机组动力学是指拖拉机与其所牵引的农机具在驱动力和外界阻力整体作用下的运动情况，是研究拖拉机 DCT 换挡特性的理论基础。

在工作过程中，拖拉机所受的阻力比较复杂，主要有以下几类：拖拉机牵引阻力 F_T、拖拉机滚动阻力 F_f、拖拉机坡道阻力 F_i、拖拉机加速阻力 F_j、拖拉机空气阻力 F_w 等。拖拉机驱动力 F 是由发动机的输出动力提供的，动力经离合器、变速器、主减速器、中央传动、轮边减速器传递至驱动轮。拖拉机在行驶时满足驱动力与阻力合力相等，即

$$F=F_T+F_f+F_i+F_w+F_j \qquad (8-4)$$

（1）牵引阻力　牵引阻力指的是在田间作业过程中，拖拉机配套机组与土壤作用时土壤对其的反作用力，用 F_T 表示，它的大小与农机具的类型、土壤性质、耕作深度和宽度有关。由于与拖拉机配套的农机具种类较多，机组的作业条件有较大差别，农机具与土壤之间的动力学也十分复杂，所以很难准确地建立在各种工况下的拖拉机机组动力学模型。这里以拖拉机牵引铧式犁犁耕作业作为主要研究工况，对拖拉机机组进行动力学分析。牵引阻力可表示为

$$F_T=n_kKbh \qquad (8-5)$$

式中：n_k 为犁的个数；K 为土壤阻力系数（壤土，N/cm²），查表 8-2；b 为犁宽（cm）；h 为耕深（cm）。

（2）滚动阻力　拖拉机滚动阻力指的是拖拉机的从动轮和主动轮与地面之间相对滚动时，它们之间的相互作用力，可表示为

表 8-2　土壤阻力系数范围

田地类别	土壤性质	土壤比阻
旱地	沙土	2.0~4.0
	壤土	4.0~6.0
	黏土	8.0~10.0
水田	黏质土旱耕	6.0~11.0
	壤土水耕	2.0~5.0
	沤田	≤2.0

$$F_f = Gf \tag{8-6}$$

式中：f 为拖拉机的滚动阻力系数，主要与土壤性质有关，查表 8-3；G 为拖拉机与机组整体所受到的重力，当拖拉机带挂车进行运输作业时，应包括挂车所受到的重力（N）。

表 8-3　拖拉机的滚动阻力系数

路面情况	轮式拖拉机	
	滚动阻力系数	附着系数
沥青路	0.02	0.7~0.8
农村土路	0.03~0.05	0.8
割茬地	0.08~0.10	0.6
撂荒地	0.06~0.08	0.7
新翻耕地	0.12~0.18	0.4
耙后地	0.16~0.18	0.4~0.6
干沙土	0.20	0.3
湿沙土	0.16	0.4
压实雪道	0.03	0.3
沼泽地	0.25	0.1

（3）空气阻力　拖拉机空气阻力指的是拖拉机相对于空气运动时空气作用力在行驶方向形成的分力。空气阻力与拖拉机的速度的平方成正比，车速越高阻力越大。在田间作业时，拖拉机速度较低，空气阻力可以忽略，但当拖拉机速度大于 18km/h 时，空气阻力会变大，此时不可忽略。拖拉机空气阻力表达式为

$$F_w = 0.7BHv^2 \tag{8-7}$$

式中：B 为拖拉机的宽度（m）；H 为外廓高度（m）；v 为拖拉机的速度（m/s）。

（4）坡道阻力　拖拉机坡度阻力指的是拖拉机在倾斜线路上行驶时，拖拉机重力沿坡度方向的分力，其大小与坡度成正比：

$$F_i = G \cdot \sin \varphi \approx G \cdot i \tag{8-8}$$

式中：G 为拖拉机与机组整体所受到的重力（N）；φ 为拖拉机在倾斜线路上行驶时的坡度角；i 表示坡度，在田间作业平均坡度一般较小，为 0.5%~2%，因此 $\cos \varphi \approx 1$，$\sin \varphi \approx i$。

（5）加速阻力 拖拉机加速阻力指的是在加速过程中，拖拉机克服平移质量和旋转质量产生的惯性阻力，加速阻力表达式为

$$F_j = (\delta m + m_1)\upsilon \qquad (8-9)$$

式中：δ 为拖拉机旋转质量换算系数；m 为拖拉机结构质量（kg）；m_1 为拖拉机配套机组质量（kg）。

（6）驱动力 拖拉机驱动力由发动机的输出转矩通过变速器、主减速器和轮边减速器增扭后传递到拖拉机驱动轮，其表达式为

$$F = \frac{T_e \cdot i_g \cdot i_0 \cdot i_L \cdot \eta}{r_q} \qquad (8-10)$$

式中：i_g 为变速器当前挡位传动比；i_0 为主减速器传动比；i_L 为轮边减速器传动比；η 为机械传动系效率；r_q 为驱动轮滚动半径。

8.1.3 双离合器传递转矩特性

双离合器自动变速器具有手动变速器油耗低、结构紧凑等优点，同时换挡时间短，操作平稳流畅。现阶段多个机构已经开发研制出不同类型的 DCT 变速器，每种变速器又有各自的结构特点，所以要设计用于拖拉机的 DCT 传动方案，就需要对不同类型的 DCT 结构进行分析，在此基础上提出合理的传动方案。

经过大量研究表明，离合器传递的转矩主要有黏性转矩和摩擦转矩两种。由于湿式 DCT 的主从动部分都浸没在变速箱油之中，而变速箱油具有一定的黏性。在油液黏性阻力的作用下，离合器的主从动部分之间会产生相互作用力，离合器的黏性转矩就是由这个相互作用力转化而来；摩擦转矩则是由与离合器的主从动副之间的摩擦力产生的。离合器传递的转矩可表示为

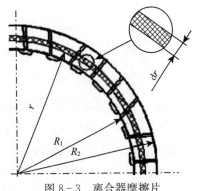

$$T = T_v + T_f \qquad (8-11)$$

式中：T 为离合器传递的转矩（N·m）；T_v 为离合器黏性转矩（N·m）；T_f 为离合器摩擦转矩（N·m）。

图 8-3 离合器摩擦片

如图 8-3 所示，假定摩擦片圆周上各点受力均匀，通过积分计算可得

$$T_v = \int 2\pi r^2 \tau_y \mathrm{d}r \qquad (8-12)$$

式中：r 为微小单元与中心轴的距离；τ_y 为黏性剪切力。

与此黏性转矩相似，同理可得摩擦转矩：

$$T_f = \int 2\pi r^2 \tau_f \mathrm{d}r \qquad (8-13)$$

根据库仑定律可以得

$$\tau_f = \mu P_a \qquad (8-14)$$

由式（8-13）、式（8-14）可得

$$T_f = \int 2\pi r^2 \mu P_a \mathrm{d}r \qquad (8-15)$$

式中：μ 为离合器片摩擦系数；P_a 为微小单元表面接合压力（N）。

一般情况下，与摩擦转矩相比，黏性转矩较小，因此这里忽略不计。

离合器摩擦转矩又分为静态摩擦转矩和动态摩擦转矩。离合器主从动副无相对滑动时，离合器传递的转矩为静态摩擦转矩；离合器主从动副有相对滑动时，离合器传递的转矩为动态摩擦转矩。静态摩擦转矩不考虑离合器传递转矩的变化过程，在 DCT 的换挡过程中，若采用静态摩擦转矩模型计算，则最终得到的计算结果与实际情况会有较大差异；动态摩擦转矩模型则考虑到了转矩的传递变化过程。因此，要根据离合器所处的状态选择相应摩擦转矩模型，这样才可取得较高的 DCT 控制精度。二者的主要差别就在于摩擦系数，动态摩擦系数随离合器主动部分与被动部分转速差的变化而变化。

当离合器主从动副有相对滑动，处于滑摩状态时，其传递的动态摩擦转矩为

$$T_e = \frac{2}{3}\,\mathrm{sgn}(\omega_e - \omega_c)\mu_f S p z\frac{R^3 - r^3}{R^2 - r^2} \qquad (8-16)$$

式中：T_e 为离合器传递的动态摩擦转矩（N·m）；μ_f 为摩擦片动摩擦因数；S 为摩擦片接触面积（m²）；p 为正压力（N）；z 为摩擦片数；R 为外半径（m）；r 为内半径（m）；sgn 为符号函数；ω_e 为发动机转速（rad/s）；ω_c 为离合器从动副转速（rad/s）。

符号函数 sgn 满足式（8-17）至式（8-19）。

$$\mathrm{sgn}(\omega_e - \omega_c) = 1,\ \omega_e - \omega_c > 0 \qquad (8-17)$$

$$\mathrm{sgn}(\omega_e - \omega_c) = 0,\ \omega_e - \omega_c = 0 \qquad (8-18)$$

$$\mathrm{sgn}(\omega_e - \omega_c) = -1,\ \omega_e - \omega_c < 0 \qquad (8-19)$$

当离合器主从动副有相对滑动，离合器完全接合时，其传递的静态摩擦扭矩为

$$T_c = \frac{2}{3}\mu_s S p z\frac{R^3 - r^3}{R^2 - r^2} \qquad (8-20)$$

式中：T_c 为离合器传递的静态摩擦转矩（N·m）；μ_s 为静摩擦系数。

为了分析离合器状态的切换过程，以准备分离的离合器由接合到滑摩为例进行分析。设离合器主从动副所能提供的最大摩擦扭矩为 T_{cmax}，则：

当 $T_e \leqslant T_{clmax}$ 时，离合器仍处于接合状态。

当 $T_e > T_{clmax}$ 时，离合器由接合状态转变为滑摩状态。

8.1.4　拖拉机 DCT 换挡执行机构仿真分析

为了更好地研究所设计的拖拉机 DCT 换挡执行机构，本部分分别对变速器操纵机构和双离合器操纵机构建立了仿真模型，并进行了仿真分析，以验证所设计的拖拉机 DCT 换挡执行机构能完成预定功能，符合设计要求。

8.1.4.1　变速器操纵机构仿真分析

根据双离合器自动变速器的换挡原理知：在变速器换挡执行机构工作的整个过程中，即将换入挡位对应的输入轴不传递动力，以Ⅱ挡升Ⅲ挡为例，当Ⅲ挡同步器与其啮合齿圈啮合过程中，与Ⅲ挡输入轴连接的离合器从动盘未与主动片接合处于分离状态，发动机动力仍由Ⅱ挡齿轮组传递。所以变速器执行机构对拖拉机的冲击度与滑摩功没有影响，但其对换挡时间有影响，本节基于对换挡过程的动力学分析，建立了 Matlab/Simulink 仿真模型并进行仿

真分析。

（1）**建立模型** 将活塞、导块、拨叉轴、拨叉及啮合套作为一个整体，简称换挡部件，并根据Ⅴ挡换Ⅳ挡的动力学分析原理分析Ⅲ挡换Ⅳ挡、Ⅲ挡换Ⅱ挡及Ⅰ挡换Ⅱ挡的过程，该过程可分为 3 个阶段，基于 Simulink 分别对 3 个阶段建立仿真模型，然后用 If 模块及 Switch 模块组建总模型。模型所需参数如表 8-4 所示。

表 8-4　模型所需参数

符号	名称	值	单位
J_{z1}	输入轴 1 及 C1 从动片的转动惯量	0.012 42	kg·m²
J_{z2}	输入轴 2 及 C2 从动片的转动惯量	0.013 12	kg·m²
J_{1a}	Ⅰ挡主动齿轮转动惯量	0.000 545	kg·m²
J_{1b}	Ⅰ挡从动齿轮转动惯量	0.003 618	kg·m²
J_{2a}	Ⅱ挡主动齿轮转动惯量	0.000 655	kg·m²
J_{2b}	Ⅱ挡从动齿轮转动惯量	0.003 624	kg·m²
J_{z1}	输入轴 1 及 C1 从动片的转动惯量	0.012 42	kg·m²
J_{z2}	输入轴 2 及 C2 从动片的转动惯量	0.013 12	kg·m²
J_{1a}	Ⅰ挡主动齿轮转动惯量	0.000 545	kg·m²
J_{1b}	Ⅰ挡从动齿轮转动惯量	0.003 618	kg·m²
J_{2a}	Ⅱ挡主动齿轮转动惯量	0.000 655	kg·m²
J_{2b}	Ⅱ挡从动齿轮转动惯量	0.003 624	kg·m²
J_{3a}	Ⅲ挡主动齿轮转动惯量	0.000 943	kg·m²
J_{3b}	Ⅲ挡从动齿轮转动惯量	0.003 082	kg·m²
J_{4a}	Ⅳ挡主动齿轮转动惯量	0.001 331	kg·m²
J_{4b}	Ⅳ挡从动齿轮转动惯量	0.002 865	kg·m²
J_{5a}	Ⅴ挡主动齿轮转动惯量	0.002 861	kg·m²
J_{5b}	Ⅴ挡从动齿轮转动惯量	0.001 325	kg·m²

仿真模型如下：

第一阶段：换挡部件（活塞、导块、拨叉轴、拨叉及啮合套作为一个整体的简称）由静止至与同步器的摩擦锥面刚接合，仿真模型如图 8-4 所示。

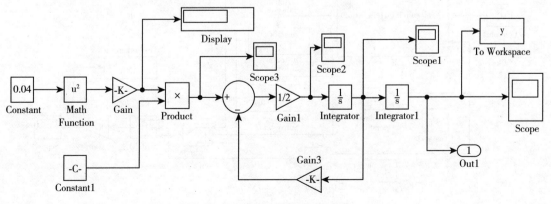

图 8-4　第一阶段仿真模型

第二阶段：同步器同步阶段，仿真模型如图 8-5 所示。

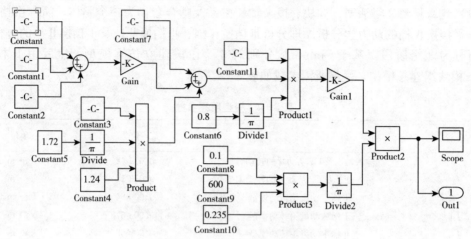

图 8-5　第二阶段仿真模型

第三阶段：由同步结束至换挡完成，仿真模型如图 8-6 所示。

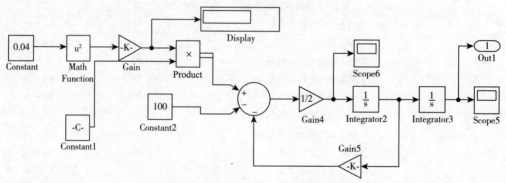

图 8-6　第三阶段仿真模型

将 3 个阶段组合，得换挡执行机构仿真模型如图 8-7 所示。

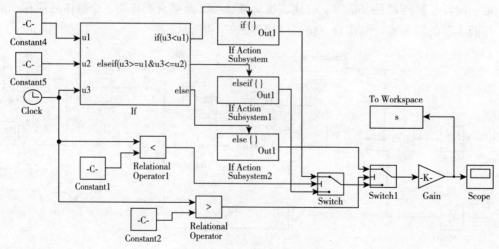

图 8-7　换挡执行机构仿真模型

（2）**仿真结果及分析** 运行仿真模型，得出各挡位切换时换挡部件的位移响应曲线，如图 8-8 所示。

图 8-8（a）为Ⅴ挡换Ⅳ挡时换挡部件的位移时间响应曲线，由图可知其换挡所用时间为 0.35s；图 8-8（b）为Ⅲ挡换Ⅳ挡时换挡部件的位移时间响应曲线，由图可知其换挡所用时间为 0.315s；图 8-8（c）为Ⅲ挡换Ⅱ挡时换挡部件的位移时间响应曲线，由图可知其换挡所用时间为 0.35s；图 8-8（d）为Ⅰ挡换Ⅱ挡时换挡部件的位移时间响应曲线，由图可知其换挡所用时间为 0.28s。综上所述，各挡位之间切换时，响应快、所用时间都小于 0.4s，符合换挡要求。

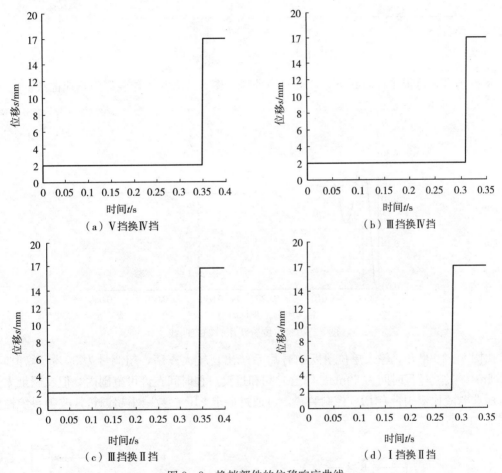

图 8-8 换挡部件的位移响应曲线

8.1.4.2 双离合器操纵机构仿真分析

对双离合器接合分离过程进行仿真分析，以验证所设计的操纵机构可完成预期动作，符合设计要求；对电液比例减压阀和高速开关阀进行仿真分析，以验证其选型是否正确及它们自身参数对整个操纵机构的影响。

（1）**充油过程仿真分析** 基于前文建立的数学模型，利用 Matlab/Simulink 建立系统仿真模型，如图 8-9 所示，图中 Step 为电压输入信号。

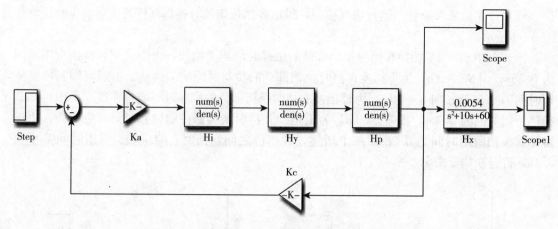

图 8-9　系统仿真模型

运行仿真，可得单位阶跃下系统的响应曲线，图 8-10 为工作腔压力响应曲线。

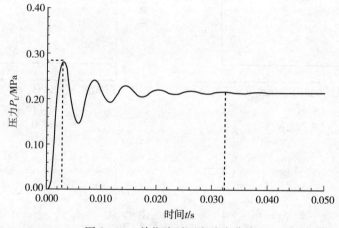

图 8-10　单位阶跃压力响应曲线

由图 8-10 可知，输入单位阶跃信号后系统出现较大震荡，超调量为 30%，峰值时间为 2.5ms，过渡过程时间为 29ms。峰值时间和过渡过程时间在许可范围内，但超调量太大，本章所选电液比例阀带有 PID 控制装置，可通过调定 PID 参数减小超调量，改善系统性能，如图 8-11 所示。

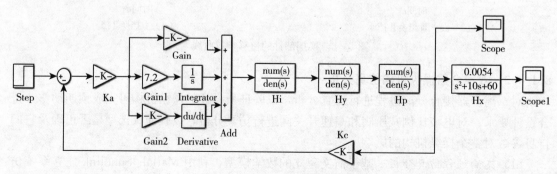

图 8-11　PID 控制系统仿真模型

图 8-12 为采用 PID 控制后工作腔压力响应曲线，超调量明显下降，其值不大于 30%。PID 参数设定采用试凑法，P 为 0.32，I 为 7.2，D 为 0.01。

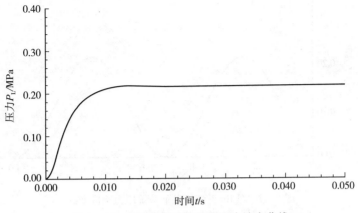

图 8-12 PID 控制单位阶跃压力响应曲线

将图 8-12 仿真模型中的单位阶跃信号改为单位方波信号，频率为 4Hz，运行仿真可得系统响应曲线，如图 8-13 所示。

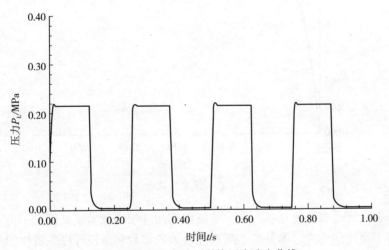

图 8-13 PID 方波下系统压力响应曲线

由图 8-13 可知，在单位方波信号控制下，系统压力响应快，无较大冲击，且平衡状态下压力稳定。

将图 8-13 仿真模型中的单位阶跃信号改为单位正弦信号，频率为 2Hz，平衡位置为 0.5，振幅为 0.5，初相为 −90°，运行仿真可得系统响应曲线，如图 8-14 所示。

由图 8-14 可知，在连续的正弦波控制下，系统压力起初有小的波动，之后连续变化无冲击，证明了在连续信号下该系统可控性好。在离合器升压接合阶段，只要控制信号是连续的，系统的压力变化亦是连续的，且变换趋势和大小由控制信号决定。

由图 8-15 仿真模型可得工作腔活塞的位移响应曲线。从图中可知，单位阶跃下活塞响应快，运动过程平稳，所用时间短，符合设计要求。

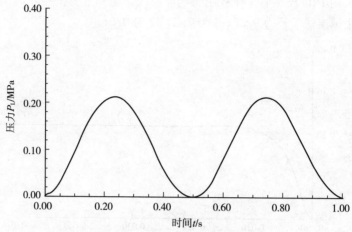

图 8-14 PID 正弦信号下系统压力响应曲线

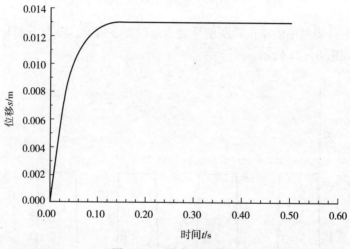

图 8-15 活塞位移曲线

（2）离合器放油过程仿真分析   上一节依据充油过程的数学模型建立了仿真模型，分析了在不同信号下系统的响应。本节基于所选控制阀的参数和所设计操纵机构的相关参数，利用 AMESim 软件对离合器放油过程仿真分析。

AMESim（advanced modeling environment for simulations of engineering systems）是最早由法国 Imagine 公司开发的多领域系统仿真集成平台，2007 年公司被比利时 LMS 公司收购。AMESim 提供了一个建立多学科、多领域系统模型仿真研究的平台，可以在这个平台研究任何元件或系统的稳态和动态性能，并在此基础上进行仿真计算和深入分析。AMESim 采用标准的 ISO 图标和简单直观的多端口框图建立模型，且它拥有一整套标准且优化的应用库，应用库中的所有模型都经过严格的测试和试验验证。使用用户不必在烦琐的数学建模中耗费太多的时间和精力，从而专注于物理系统本身的设计。

依据离合器放油过程的工作原理及所选高速开关阀的参数建立仿真模型，如图 8-16所示。

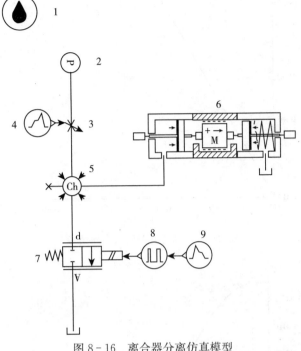

图 8-16　离合器分离仿真模型

图 8-16 中液体属性 1 定义油液的密度、动力黏度、体积弹性模量等参数，设置油液的密度为 890kg/m³，动力黏度为 4.6Pa·s，体积弹性模量为 1 700MPa；恒压源 2 为系统提供压力，设置为 1.8MPa；可变节流口 3 和信号元件 4 控制恒压源 2 与液压缸 6 通断，可用开关阀代替；可变容积 5 代表可变容积和压力动态，液压缸 6 根据本章参数设置，活塞直径设置为 41mm，行程为 0~13mm，回位弹簧预紧力 300N，弹性系数为 60N/mm；电磁开关阀 7、信号源 8 和信号源 9 模拟高速开关阀，设置开关阀通径为 6mm，信号源 8 定义开关阀频率，设置为 300Hz，信号源 9 定义占空比大小，其值如图 8-17 所示。

仿真原理：将信号源 9 设置为 0，信号源 4 设置为 1，运行仿真，使活塞运动到最右端，缸内油压达到 1.8MPa。设置信号源 4 为 0，信号源 9 设置如图 8-17 所示，选择使用旧值运行仿真。

图 8-17 为高速开关阀的信号曲线，由图知：占空比在 0~0.20s 内由零增大到 1.00，之后维持为 1.00，液压缸压力、流量和活塞位移的变化都受占空比变化规律的影响。

由图 8-18 和图 8-19 知，在 0 至 t_1 时间段内活塞保持静止状态，原因有两个方面：一方面，高速开关阀在占空比小于 20% 时，具有延时特性；另一方面是由油液的可压缩性造成的，刚开始时缸内油压高，对活塞的轴向力远大于回位弹簧的弹簧力，随着油液从高速开关阀流出，缸内油压逐渐降低，直至其对活塞的轴向作用力小于弹簧力，活塞才开始运动。图 8-19 中速度为负值是因为与模型中定义的正方向相反，在 t_1 至 0.2s 内，由于高速开关阀占空比逐渐增大，使工作腔油液压力减小，作用于活塞左端的力减小，且活塞左端所受力减小的速率小于右端弹簧力的减小速率，所以活塞速度逐渐增大；0.2s 后速度逐渐减小，最后突降为零。

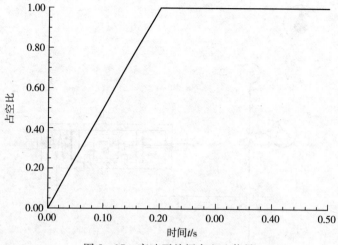

图 8-17　高速开关阀占空比信号

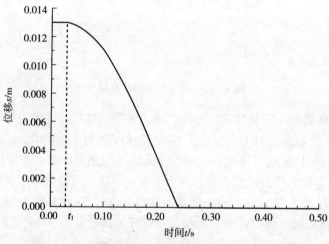

图 8-18　回程活塞位移曲线

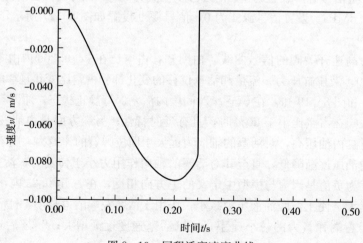

图 8-19　回程活塞速度曲线

图 8-20 为工作腔压力变化曲线，图中 t_1 时间点与图 8-18 中的为同一时间点。由图可知：0 至 t_1 时间段内工作腔压力下降快，是因为油液体积弹性模量大，之后回位弹簧的弹簧力大于油液压力，推动活塞运动，随着活塞的运动，回位弹簧的压缩量减小，工作腔内油液压力逐渐降低，最后活塞回到初始位置，此时工作腔压力出现突变，是由活塞突然静止造成的。

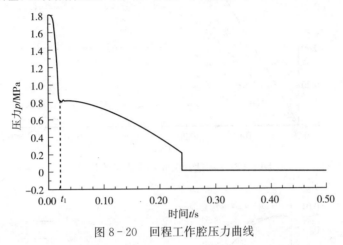

图 8-20　回程工作腔压力曲线

由图 8-21 可知，在 0~0.20s 范围，高速开关阀流量随占空比的增大而增大，之后流量成线性减小是因为高速开关阀进出阀口压差减小。流量和压力在最后都出现了突变为零的情况，是因为活塞移动到终点静止。

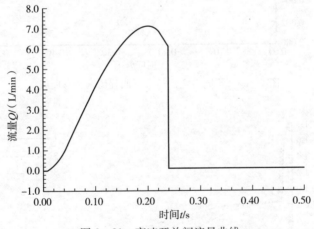

图 8-21　高速开关阀流量曲线

对图 8-16 仿真模型输入不同的占空比信号进行仿真。占空比信号如图 8-22 所示。

图 8-23 中的 3 条曲线分别对应图 8-22 相应线型的输入信号下活塞的位移相应曲线，由曲线可看出占空比信号的变化影响活塞位移的变化趋势。同理，由图 8-24 可知，占空比变化亦影响工作腔压力的变化。

综上可知，所设计的双离合器操纵机构响应快，可控性好。

(3) 高速开关阀影响因素分析　由前面仿真分析可知，高速开关阀的性能对离合器的分离过程具有重要的作用，现研究高速开关阀的频率对阀性能的影响。

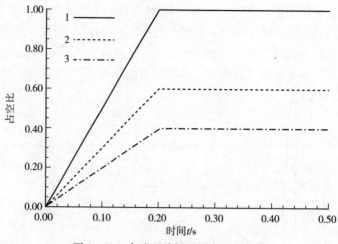

图 8-22　高速开关阀不同占空比信号

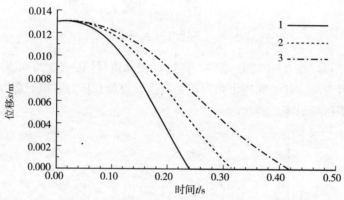

图 8-23　不同占空比信号下回程活塞位移曲线

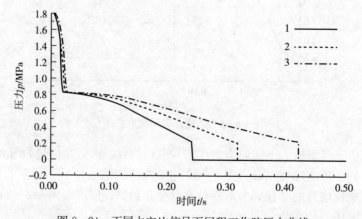

图 8-24　不同占空比信号下回程工作腔压力曲线

改变图 8-14 仿真模型中信号源 8 的频率,分析不同频率下通过高速开关阀流量的变化,各频率值如表 8-5 所示。

表 8 - 5 频率参数

序号	1	2	3	4	5	6
频率/Hz	50	80	160	200	300	400

运行仿真，得不同载波频率下流量随时间的变化曲线，如图 8 - 25 所示。

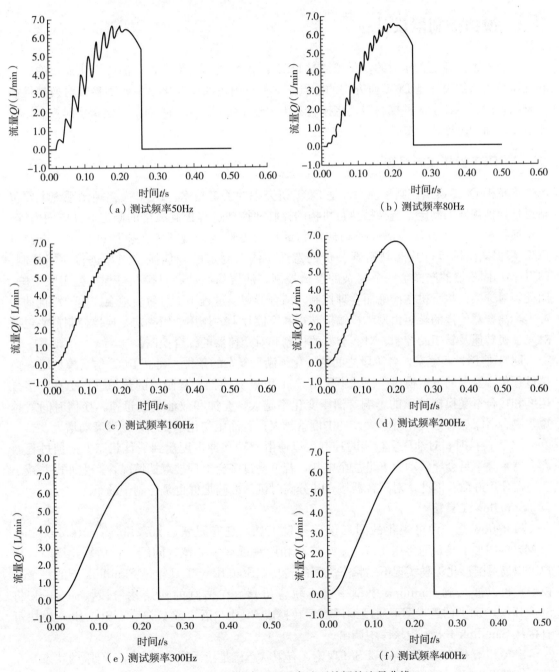

图 8 - 25 不同频率下通过高速开关阀的流量曲线

图 8-25 为不同频率下通过高速开关阀流量变化曲线，由这些曲线可知随着频率的增大，高速开关阀输出流量的波动越小，流量波动越小系统冲击越小。对于本系统当频率为 200Hz 时流量有小幅度波动，当频率为 300Hz 时，由图 8-25（e）所示曲线知流量波动很小，曲线基本光滑，满足系统要求。对于频率的选择要根据具体情况而定，频率高流量波动小，但高速开关阀的频率越高价位也越高。

8.2 换挡控制器设计

离合器摩擦片上正压力的变化规律对 DCT 换挡性能影响很大，对油压变化规律的确定和油压控制器的设计是 DCT 研究中的重点。本节在阐述油压变化率中各种参数对换挡性能影响的基础上设计了 3 种控制器，将控制器用于整车仿真模型中，对油压实行实时控制，以使滑摩功和冲击度达到最佳状态。

8.2.1 DCT 换挡控制系统

拖拉机 DCT 换挡控制系统设计是 DCT 研究中的关键技术。DCT 换挡控制系统主要包括最佳换挡规律的制定、选换挡执行机构的控制和换挡过程控制策略的制定等几方面内容。最佳换挡规律包括最佳经济性换挡规律和最佳动力性换挡规律。在换挡过程中，拖拉机 ECU 根据拖拉机运行状态判断驾驶员的意图，依据制定的最佳换挡规律进行换挡控制。DCT 换挡同步器的选择是一个复杂的逻辑控制，油压的波动会对换挡过程产生很大影响，因此须对选换挡执行机构准确而合理控制。离合器切换过程中不可避免地会产生转矩扰动和冲击，离合器传递的转矩由发动机输出转矩和摩擦片上的作用油压决定，换挡控制策略包括对发动机转速及转矩的控制、对离合器的控制和对变速器的综合控制。

DCT 换挡过程复杂，各阶段之间的转化须满足复杂的条件。建立 DCT 仿真模型时，换挡过程包含复杂的逻辑模块，设计中采用 Stateflow 对换挡过程阶段的选择进行仿真。接合速度和接合量受换挡油压的影响，油压变化率越大，充油和放油就越迅速，换挡时间就越短，离合器摩擦转矩变化就越大，冲击度就越大；若油压变化率变小，则滑摩功增大。

DCT 换挡时，对油压实行实时控制，以使滑摩功和冲击度达到最佳状态。换挡过程两离合器重叠不足会导致动力不足甚至中断，若重叠过多会出现挂双挡情况，产生冲击并减小变速器使用寿命。因此，对离合器接合和分离时机的准确把握也是控制中的重点。

Stateflow 工具箱

Stateflow 是一种可视化的图形设计开发工具，是有限状态机（finite state machine, FSM）的图形工具，通常用于解决复杂控制和检测过程中的逻辑问题。在仿真建模时，用户可以通过图形化工具实现不同状态之间的转换。Stateflow 工具箱是 Simulink 下的一个子模块，可以嵌入到 Simulink 模型中进行联合仿真。在仿真的初始化阶段，Simulink 将 Stateflow 界面上的逻辑图形通过编译程序转换成 Matlab 语言或 C 语言。Stateflow 模块可直接从 Simulink Extra 模块库中调出。

Stateflow 仿真原理是基于 FSM 理论，有限状态机是指系统中存在若干有限的状态，在某个事件发生时，系统可以从一个状态转移到另一个状态，因此有限状态机又称为事件驱动系统。在有限状态机中，给出一种状态转化成另一种状态的条件，并将可转化的这些状态设计出状态迁移事件，状态迁移事件也称触发事件。有限状态机的工作原理如图 8 - 26 所示。

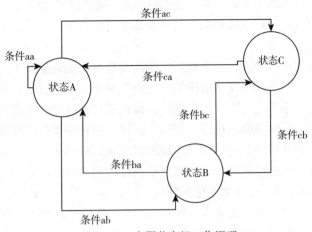

图 8 - 26　有限状态机工作原理

Simulink 为用户提供了图形界面支持，允许用户建立有限的状态并用图形的形式绘制出状态迁移事件，按规定命令设计状态迁移任务，从而构建整个有限状态机系统。在 Stateflow 中，状态和状态转换是基本组成元素，如图 8 - 26 所示，状态之间可以相互转换，也可以自行转换。

Stateflow 状态图也称为状态转移图，在仿真时，状态转移图一旦激活，则一直处于激活状态，直至仿真结束。状态转移靠事件触发，一个过零特性信号或被函数调用时，触发发生，由触发而引起的相应动作被执行称为事件驱动。

DCT 换挡过程中，每个阶段设计为一种状态，阶段与阶段之间的转化条件设计为迁移条件。因此，DCT 复杂的换挡过程可用 Stateflow 实现选择，将 Stateflow 嵌入到 Simulink 模块中实现整车换挡仿真。

Stateflow 模型图根据输入条件 T_{c1}、T_{c2}、T_1、T_2 和离合器 C2 的转差率 S_2 判断离合器的状态，模型输出为换挡过程的各个阶段。假设当 speed＝1 时，表示此刻仿真处于第一阶段；当 speed＝2～4 时，表示仿真处于第二阶段；当 speed＝2、3、4，分别表示处于第二阶段前、中、后期；当 speed＝5、6、7 时，表示仿真处于第三阶段、第四阶段和第五阶段。

Stateflow 模块配合 Multiport Switch 模块对换挡过程选择，而离合器油压只对五大阶段进行区别控制，即要求 speed＝1、2、3、4、5 分别对应第一、第二、第三、第四和第五阶段，因此需要对 Stateflow 模块的输出转化处理。

8.2.2　控制器设计

DCT 的主要优势是实现了动力换挡。动力换挡时，两个离合器同时传递转矩情况称为换挡重叠。如果换挡过程控制不合理，就会出现发动机输出转速和转矩的大幅度波动，换挡品质变坏，变速器寿命缩短。提高拖拉机的换挡品质和使用寿命就是在满足驾驶员舒适性的情况下，动力不中断，离合器产生热量少。由柴油机的工作特性可知，油门拉杆位置和转速的变化可以控制发动机的输出转矩，使离合器输出轴传递力矩与工作阻力矩相适应。

由湿式离合器的结构原理可知，换挡过程是由作用在两个离合器上的油压变化而完成，油压的变化方式决定换挡评价指标值的大小。从油压总体变化情况看，低挡离合器油压由最大值变化至零，高挡离合器则由零逐渐增加至最大值。一般设计中，离合器压力采用直线型变化规律，油压的变化斜率表征了正压力的变化速度，斜率越大，正压力变化迅速，换挡加速度和冲击度越大，操作舒适性变差。油压的终始压力指换挡开始时作用在低挡离合器上的初始压力和换挡结束作用在高挡离合器上的终止压力，该压力越大，滑摩功越大。一般设计时，对直线型变化油压的变化斜率和终始压力优化，找出最佳换挡参数。

本节选用线型变化规律、指数型变化规律和单神经元调整控制的混合型变化规律对离合器油压和切换时机进行控制，以接合过程中离合器摩擦片产生的滑摩功和冲击度作为评价指标设计控制器，把设计的控制器嵌入到整机模型中仿真，对3种控制器下仿真结果分析，选择较优的控制器作为双离合器设计中的最终控制器。

8.2.2.1　直线型变化规律

（1）油压变化率　图 8-27 表示在终始压力不变的情况下，离合器 C1、离合器 C2 在不同变化斜率下正压力随时间变化关系。C1 与 C2 近似同时达到各自的终止压力是较理想的变化规律，此时，C1 与 C2 重叠合适，换挡过程平稳且动力不中断。若 C1 与 C2 达到终止压力的时间间隔很大，则两离合器重叠过多，很可能造成挂双挡情况，变速器寿命受损。若 C1 与 C2 切换较快，即两离合器到达终止压力的时间都非常短，则会引起在切换过程中拖拉机加速度及加速度变化率较大，造成很大的换挡冲击和振动。当振动频率与人体内脏及脊椎敏感频率一致时会造成驾驶员身体受损，当换挡过程引起驾驶员水平及竖直方向加权加速度均方根值很大时会造成驾驶员感觉不适和疲劳。若 C1 与 C2 达到终始压力时间过长，摩擦片接触时间较长，换挡产生热量过多，会造成摩擦片烧毁。

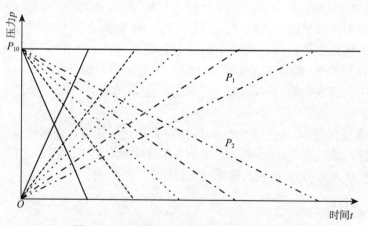

图 8-27　不同油压变化率下压力变化曲线

（2）终始压力　图 8-28 表示油压变化率相同终止压力不同情况下作用压力随时间的变化关系。显然，为了使摩擦片满足传递转矩要求，终止压力越大，换挡时间越长。研究表明，某款车型，当以终始压力 0.8MPa 切换时，需要 1.3s 完成换挡；当终始压力为 1MPa 时，需要 1.7s 完成换挡过程。因此，选择合适的终始压力是提高换挡品质的一种途径。

（3）迟滞时间　迟滞时间一般指作用在高挡离合器 C2 上的作用压力开始上升对应的时间与作用在低挡离合器 C1 上的作用压力开始下降对应的时间差，可以表征两个离合器的配合时序。图 8-29 是终始压力与油压斜率不变时，不同迟滞时间下的压力变化曲线。

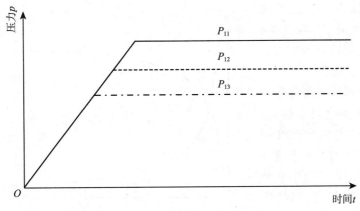

图 8-28 不同终始压力下油压变化曲线

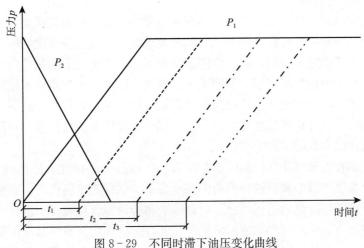

图 8-29 不同时滞下油压变化曲线

迟滞时间对换挡时间有很大影响。研究表明，随着迟滞时间的增大，换挡时间也随之增加。迟滞时间由低挡离合器 C1 上油压下降的延滞和高挡离合器 C2 上油压上升的延滞两种情况造成，两种情况对换挡时间的影响是一致的。

直线型变化规律的优化是一个多目标、多参数优化问题，换挡时间、冲击度和滑摩功是优化过程中的分目标，分目标函数根据在评价中的重要程度确定各自的权重系数，取油压变化率、终始压力和迟滞时间为优化变量，取各参数取值范围、发动机传递转矩变化、摩擦片单位面积许可热量和冲击度许可值为约束条件，最后选取总目标函数最小时所对应的优化变量为最优解。

8.2.2.2 指数型变化规律

指数型变化规律指离合器上作用油压随时间呈指数型变化，其变化关系示意为图 8-30，由图可知，上升阶段和下降阶段，油压变化率均减小，离合器接合速度满足"快—中—慢"过程，油压随时间的变化关系为

$$p = p_0 \cdot e^{lt} + p_1 \qquad (8-21)$$

当 $t=0$ 时，离合器 C1 初始压力为 $p_0 + p_1$；离合器 C2 初始压力为零，则满足 $p_0 + p_1 = 0$。

参数 b 反映了压力斜率的变化率，设计时可选用 p_0、p_1 和 b 为设计变量，根据约束条件，对换挡评价指标进行优化。

指数型变化规律在离合器切换初始阶段油压变化斜率较大，产生的瞬时加速度和冲击度很大。若参数选择不当，会造成冲击度超出许可范围，切换中期和后期斜率变化较缓，换挡品质较好。

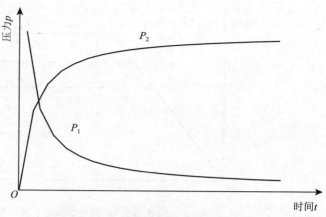

图 8-30　指数型变化规律油压变化

8.2.2.3　混合型变化规律

拖拉机田间作业时，工况时时变化。不同作业类型，拖拉机的负载也不相同，不同负载对离合器切换时的控制要求不同。例如，轻载时要求离合器以较快速度切换，以减小换挡时间；重载时要求以适当速度切换，在产生的滑摩功不太大的情况下满足动力传递要求。换挡时，发动机的工作状态也不尽相同；不同工况下换挡评价指标的权重也不相同。例如，在运输作业时，换挡评价指标侧重于换挡时间和离合器寿命；在田间作业工况下，侧重于驾驶员操作舒适性和动力传递。指数型变化规律和直线型变化规律中的设计变量参数确定后很难改变，不能满足拖拉机多变的工况要求。

指数型变化和直线型变化在控制时都存在有一定的缺陷，因此，提出混合型变化规律。混合型变化规律指以指数型和直线型为两个基本类型，根据拖拉机负荷、速度、加速度和冲击度等参数值，判断拖拉机的运行状态，对直线型和指数型变化规律所占权重进行调整，最后带权叠加得出油压下一时刻的取值。仿真时，通过改变权重系数对油压控制，用单神经网络调整权重系数，由于神经网络具有学习和记忆功能，因此，混合型变化规律能够较好地控制换挡过程。

人工神经网络（artificial neural networks，ANN）是一种模仿大脑行为特征，进行分布式并行信息处理的算法模型。建立网络模型时主要考虑网络连接的结构、神经元的特征和学习规则。网络结构简图如图 8-31 所示，网络的复杂程度决定了拟合、辨识、优化和控制的精确程度，结构复杂的神经网络权值训练的时间较长，不利于实时控制，较简单的网络结

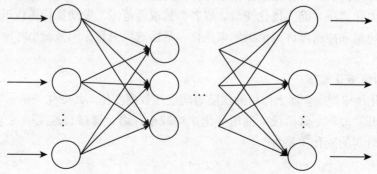

图 8-31　神经网络基本结构

构需要训练和学习的次数较多。

神经网络研究的核心内容是学习规则的制定，网络的适应性是通过学习实现的，学习过程中网络具有记忆和自适应功能。环境的变化对网络权值调整提供依据，变化的权值系数可以提高系统的模拟精度。Hebb 学习规则的提出为神经网络的学习算法奠定了基础。在此基础上，人们又相继提出了多种学习规则和算法，以满足不同用途网络的需求。

采用单神经元结构对直线型和指数型变化规律权重系数调整，单神经元结构如图 8-32 所示，设计中取内部阈值为零，激发函数选用直线型激发函数。网络输出及权值系数满足

$$O = f\left(\sum_{i=1}^{2} \omega_i x_i - \theta\right) \tag{8-22}$$

$$\omega(n+1) = \omega(n) + \Delta\omega \tag{8-23}$$

$$\Delta\omega_1 = x_3/(x_3 + x_4)\omega_2(n) + [x_4/(x_3 + x_4) - 1]\omega_1(n) \tag{8-24}$$

$$\Delta\omega_2 = x_4/(x_3 + x_4)\omega_1(n) + [x_3/(x_3 + x_4) - 1]\omega_2(n) \tag{8-25}$$

式中：x_i、ω_i 为第 i 个输入变量和权重系数；O 为输出量；θ 为阈值。仿真开始时，初始权值 ω_1 和 ω_2 赋值为 0.5。

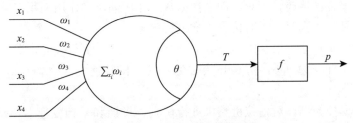

图 8-32　单神经网络基本原理

离合器 C1 油压控制神经元的输入为离合器 C1 参考转矩 T_{C11}、T_{C12} 和由 T_{C11}、T_{C12} 模拟产生的加速度 a_{11}、a_{12}，输出为离合器 C1 上正压力值 p_1；离合器 C2 油压控制神经元的输入为离合器 C2 参考转矩 T_{C21}、T_{C22} 和由 T_{C21}、T_{C22} 模拟产生的加速度 a_{21}、a_{22}，输出为离合器 C2 上正压力值 p_2。C1 控制神经元与 C2 控制神经元单独工作，不相互耦合。仿真时，将神经网络编程嵌入到 S 函数中。

8.3　换挡过程仿真

为了更好地研究拖拉机在 DCT 换挡过程中换挡品质的影响因素，本节结合发动机的特殊作业工况，在前文研究的动力学模型的基础上，建立拖拉机的整机仿真模型，并将控制器嵌入整机模型中，分别对直线型油压控制器、指数型油压控制器和混合型油压控制器控制下的整机模型进行仿真，仿真结果显现了不同控制器下换挡品质的好坏，验证了 DCT 在拖拉机换挡过程中的实用性和优越性。

8.3.1　整机仿真模型

8.3.1.1　工况及参数设置

（1）模型假设　由于拖拉机机组的复杂性和作业工况的多变性，为了简化模型并保证简

化后系统仍具有动态特性，在建立拖拉机整机模型时，对系统做如下假设：

①忽略农机具长期工作引起的磨损。

②将变速器从动部分和减速器、传动轴、车轮等旋转部分转动惯量换算到旋转质量换算系数上，取旋转质量换算系数为1.2。

③系统部件之间刚性连接，不考虑弹性阻尼。

④传动轴和半轴只传递转矩。

⑤仅考虑拖拉机传动系中拖拉机输出功率的损失。

⑥不考虑温度对湿式离合器传递转矩的影响。

⑦仅考虑拖拉机直线行驶特性。

⑧拖拉机作业路面为水平面，忽略路面不平度影响。

离合器切换过程中，换挡分为5个阶段。第一阶段为离合器C1接合、离合器C2分离阶段，第五阶段为离合器C1分离、离合器C2接合阶段。由于主要研究离合器分离和接合过程，因此对第一阶段和第五阶段简化处理。湿式离合器传递转矩受主、从动片的转速差影响，由于换挡过程中发动机与变速器输入轴转速差较小，忽略由转速差引起的摩擦片摩擦因数的波动，认为离合器传递转矩只与动摩擦因数、作用油压和作用面积有关。

（2）工况设置　仿真时，需对仿真工况进行设置：

①作业地面为留茬地，滚动阻力系数取0.085，附着系数为0.65，滑转率为0.12。

②油门调速拉杆α为0.8，仿真开始时刻，发动机转速为2 000r/min，拖拉机速度为1.036m/s。

③以Ⅳ挡换Ⅴ挡为例，对拖拉机整机进行仿真，Ⅳ挡和Ⅴ挡变速器传动比为$i_4=5.38$，$i_5=4.25$。

（3）参数设置　模型中，所需参数设置如表8-6所示。

表8-6　参数取值

参数	符号	取值	单位
减速器传动比	i_0	4.55	
轮边减速器传动比	i_L	6.4	
发动机转动惯量	J_e	0.35	kg·m²
C1转动惯量	J_{c1}	0.05	kg·m²
C2转动惯量	J_{c2}	0.04	kg·m²
供油压力	p	1.5	MPa
液压缸工作面积	A	1.8×10^{-3}	m²
活塞和分离轴承质量	M	7.5	kg
液压缸体积	V_t	0.005	m³
泄漏系数	C_t	3.33×10^{-8}	m³/(N·s)
电-机械转换器无阻尼固有频率	ω_p	37.7	rad/s
电-机械转换器阻尼系数	ξ	0.707	
压力传感器比例系数	K_v	1.6×10^{-3}	A/Pa
比例放大器系数	K_a	0.062 5	A/V

8.3.1.2 液压部分仿真模型

根据第 2 章中 "2.4.4 液压系统动力学分析"，依据表 8-6 中的仿真参数，建立了液压系统仿真模型。离合器放油时刻仿真模型如图 8-33 所示，离合器充油时刻仿真模型如图 8-34 所示，液压回路系统仿真模型如图 8-35 所示。

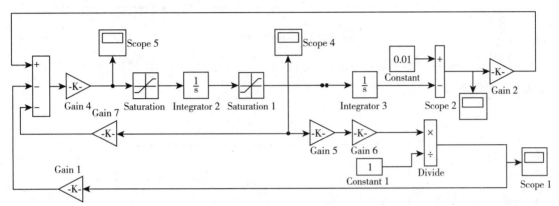

图 8-33　离合器放油时刻仿真模型

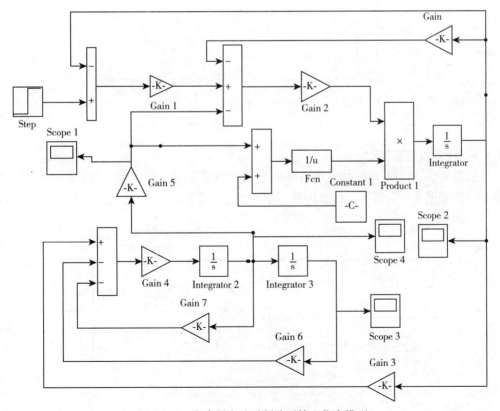

图 8-34　离合器充油时刻阶跃输入仿真模型

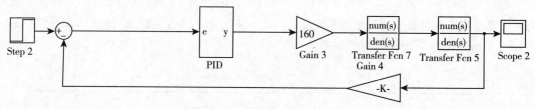

图 8-35　液压回路仿真模型

图 8-36 为液压回路系统仿真模型的阶跃响应，可知该部分响应时间为 0.01s，可以简化为一个延时环节。

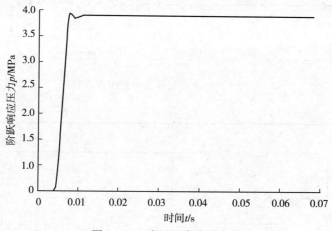

图 8-36　液压回路阶跃响应

8.3.1.3　传动系仿真模型

依据发动机、DCT 和拖拉机机组所满足的动力学方程，建立仿真模型图。发动机非稳态仿真模型如图 8-37 所示，机组仿真模型如图 8-38 所示。

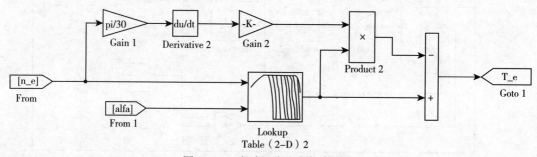

图 8-37　发动机非稳态仿真模型

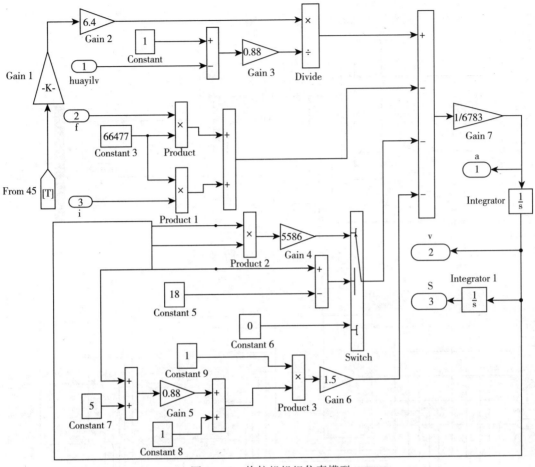

图8-38 拖拉机机组仿真模型

　　DCT换挡过程复杂，仿真模型也较为复杂，第二阶段分为前期、中期和后期3个阶段。由于三阶段模型相似，因此封装于一个子系统中。各个阶段仿真模型如图8-39至图8-44所示。

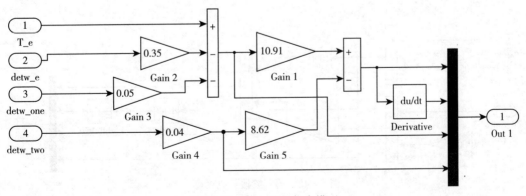

图8-39 第一阶段仿真模型

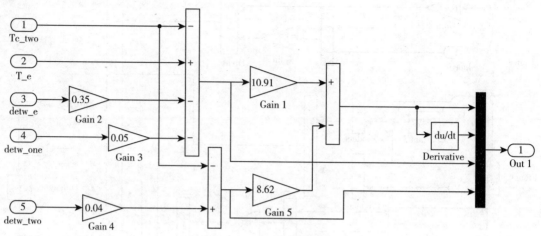

图 8-40　第二阶段前期仿真模型

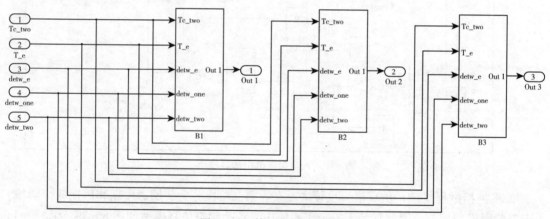

图 8-41　第二阶段仿真模型

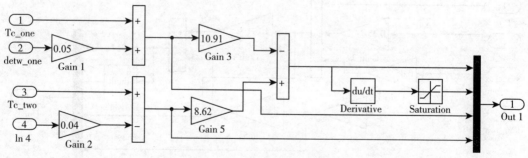

图 8-42　第三阶段仿真模型

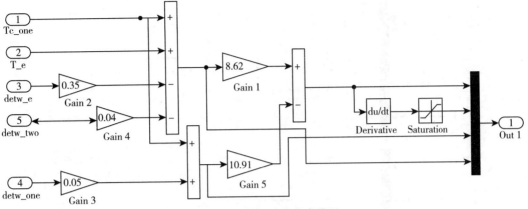

图 8-43　第四阶段仿真模型

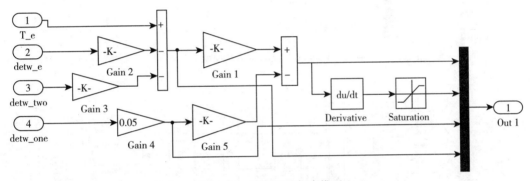

图 8-44　第五阶段仿真模型

8.3.1.4　控制器及滑摩功仿真模型

Stateflow 环境下的换挡选择模块、混合性控制器模块、滑摩功模块及油压控制过程选择模块仿真模型如图 8-45 至图 8-48 所示。

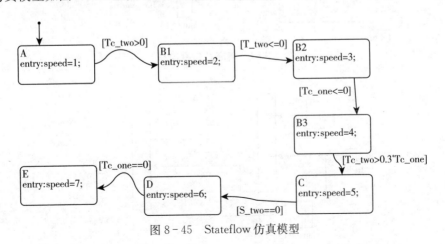

图 8-45　Stateflow 仿真模型

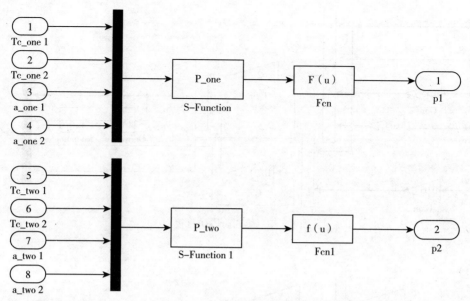

图 8-46　控制器仿真模型

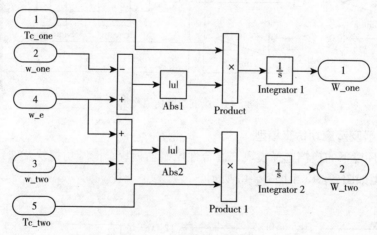

图 8-47　滑摩功仿真模型

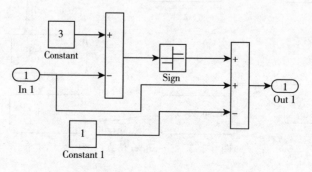

图 8-48　油压控制过程选择模块

8.3.2 仿真结果

运行仿真模型，得出直线型、指数型和混合型油压变化规律下离合器 C1 和离合器 C2 的转速、转矩、滑摩功和油压随时间的变化关系，发动机转速和转矩随时间的变化关系，拖拉机加速度和冲击度随时间的变化关系。各参数随时间的变化关系如图 8-49 至图 8-57 所示。

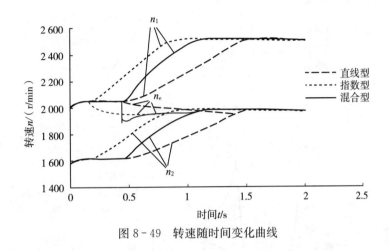

图 8-49 转速随时间变化曲线

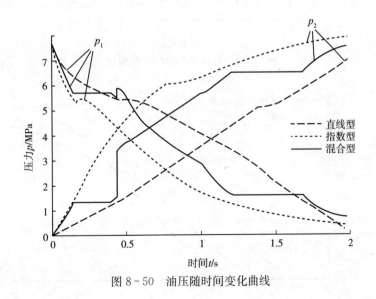

图 8-50 油压随时间变化曲线

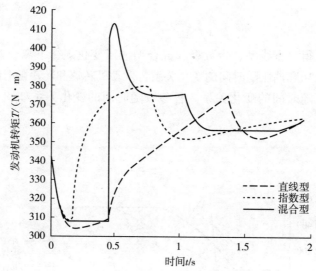

图 8-51　发动机输出转矩随时间变化曲线

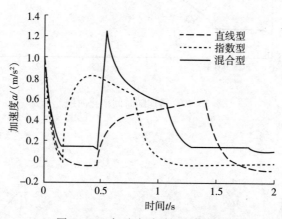

图 8-52　加速度随时间变化曲线

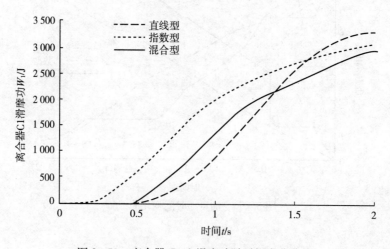

图 8-53　离合器 C1 上滑摩功随时间变化曲线

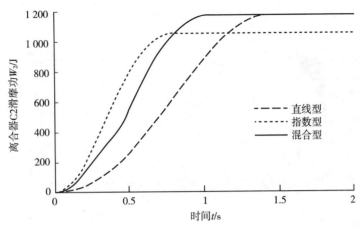

图 8-54　离合器 C2 上滑摩功随时间变化曲线

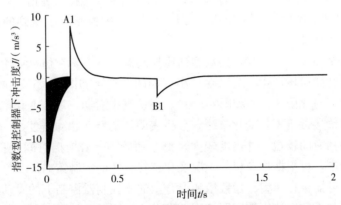

图 8-55　指数型变化规律换挡冲击度随时间变化曲线

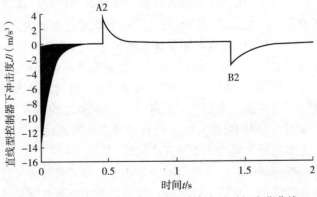

图 8-56　直线型变化规律换挡冲击度随时间变化曲线

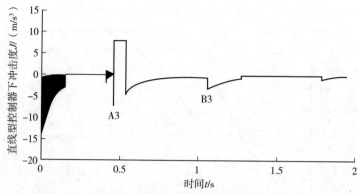

图 8-57　混合型变化规律换挡冲击度随时间变化曲线

8.3.3　仿真结果分析

通过对图 8-49 至图 8-57 的分析，可得出以下结论：

①在直线型、指数型和混合型 3 种油压控制器控制下，拖拉机冲击度均在许可值内，离合器 C1 和离合器 C2 上产生的滑摩功均在合理范围，3 种控制方法得到的总滑摩功相差不大，发动机输出转矩均能收敛于稳定值。

②由图 8-54 至图 8-57 可知，指数型油压控制器控制下，在仿真初始阶段，油压的变化斜率较大，因此初始阶段产生的滑摩功最小（如图 8-54 和图 8-55 点画线所示），而在此阶段冲击度最大（对比图 8-56 和图 8-57）；在仿真中后期，油压变化率较小，控制油压迅速上升，冲击度值接近于零且变化平缓。分析表明，滑摩功和冲击度是一对矛盾的评价指标：换挡时，若换挡时间较短，冲击度较大，滑摩功较小；若换挡时间较长，冲击度变小，滑摩功增大。实践中，可根据拖拉机的工况变化选择合适的控制策略。

③由图 8-52 可知，直线型、指数型和混合型油压控制器控制下的发动机转矩均能收敛于稳定值。直线型和指数型油压控制器控制下发动机转矩波动较小，但收敛速度较慢；而混合型油压控制器控制下发动机转矩波动较大，但收敛速度较快。

④对比图 8-54 和图 8-55 可知，换挡过程中，低挡离合器 C1 上产生的滑摩功约是高挡离合器 C2 上产生滑摩功的 3 倍。由于拖拉机负荷不同，换挡时，两离合器切换时机及滑摩时间不同，导致离合器上产生的滑摩功不同。当总滑摩功近似平均分配到离合器 C1 和离合器 C2 上时，换挡品质较优，但此时不能保证能满足拖拉机动力性要求。

⑤分析图 8-56 和图 8-57，离合器 C1 开始滑摩时刻和离合器 C2 结束滑摩时刻在指数型油压作用下对应的点分别为 A1 和 B1，同理，在直线型油压作用下对应的点分别为 A2 和 B2，在混合型油压作用下对应的点分别为 A3 和 B3，两时刻之间的差值为离合器 C1、离合器 C2 同时滑摩阶段的时间。由图可知，由于离合器状态的突然改变，导致仿真时冲击度突然增大。实践中，冲击度的增大幅度小于仿真中的幅度。

⑥分析各图中点画线曲线知，在直线型油压作用下，发动机转速变化较平缓，换挡过程中产生的冲击度和加速度较小，发动机转矩波动较小，表明在直线型油压控制器控制下，驾驶员操作舒适性较好。

⑦分析各图中虚线曲线可知，在指数型油压作用下，换挡产生的总滑摩功较小，离合器C1和离合器C2均处于滑摩状态的时间较短，但换挡冲击度大。

⑧分析各图中实线曲线可知，在混合型油压作用下，油压、转速和加速度变化曲线近似处于直线型和指数型之间，在 $t=0.44s$ 时，离合器C1开始接合。受离合器C1突然接合的影响，发动机转速及输出转矩在 $t=0.44s$ 时产生突变，导致离合器C1和离合器C2上作用油压随之突变，冲击达 $10m/s^3$，此时驾驶员操作舒适性较差。

8.4 换挡性能评价指标

目前，国内外对换挡品质的研究主要集中在汽车等高速车辆上。换挡评价指标主要是冲击度和滑摩功。用冲击度来评价对换挡过程的平顺性的影响，用滑摩功来评价对离合器使用寿命的影响。与汽车不同，拖拉机作业工况复杂多变，在田间高负载工况下换挡时，若拖拉机DCT输出转矩降幅过大，传动系统会产生较大的动载荷，影响拖拉机传动系统的使用寿命；同时，会造成拖拉机DCT输出转矩过低或者中断，影响拖拉机正常作业。因此，还需对传动系统的耐久性和拖拉机的动力性进行评价。为此，在原有换挡品质评价指标的基础上又提出了变速器输出转矩传递系数和变速器输出转矩两个新的换挡品质评价指标，以期为拖拉机换挡控制策略的制定提供理论基础。

8.4.1 冲击度

冲击度为车辆纵向加速度的变化率，即

$$J=\frac{\mathrm{d}a}{\mathrm{d}t}=\frac{\mathrm{d}^2v}{\mathrm{d}t^2} \tag{8-26}$$

式中：J 为冲击度（m/s^3）；v 为车速（m/s）；a 为车辆的加速度（m/s^2）。

冲击度对换挡过程中的平顺程度产生主要的影响，能真实地反映换挡品质。不同的国家对冲击度有不同的限定：

德国标准，$J\leqslant10m/s^3$；中国标准，$J\leqslant17.6m/s^3$。

由车辆输出轴输出转矩的计算公式可得

$$I_v\dot{\omega}_s=T_s-\frac{T_r}{i_0i_L}=i_{g3}T_{c1}+i_{g4}T_{c2}-\frac{T_r}{i_0i_L} \tag{8-27}$$

式中：I_v 为输出轴及拖拉机平移质量换算到输出轴上的转动惯量（$kg\cdot m^2$）；ω_s 为变速器输出轴角速度（rad/s）；T_r 为车轮上的阻力矩（$N\cdot m$）。

车速的大小为驱动轮的角速度与车轮半径的积，即

$$v=\omega_r r_q \tag{8-28}$$

式中：ω_r 为车轮的角速度。

$$\omega_s=i_0i_L\omega_r \tag{8-29}$$

由式（8-26）、式（8-27）、式（8-28）和式（8-29）可得

$$J=\frac{r_q}{i_0^2i_L^2I_v}\frac{\mathrm{d}(i_0i_Li_{g3}T_{c1}+i_0i_Li_{g4}T_{c2}-T_r)}{\mathrm{d}t} \tag{8-30}$$

与汽车相比，拖拉机受到的阻力较大，因此车轮上的阻力矩 T_r 不可忽略。同时可知，拖拉机所受阻力的大小对冲击度有着重要的影响，在研究改善拖拉机 DCT 换挡品质的时候，要充分考虑阻力矩 T_r 这个影响因素。

8.4.2 变速器输出转矩传递系数

在 DCT 换挡时，一个离合器要逐渐分离，同时另一个离合器要逐渐接合。此时，变速器的输出转矩就会有一定的下降甚至中断。这不仅对拖拉机的动力性产生很大的影响，而且产生很大的动载荷，对传动系统造成冲击，进而影响传动系统的耐久性。因此，需要对转矩的下降程度进行评价，并以此作为换挡品质的评价指标。变速器输出转矩传递系数是换挡过程中变速器输出轴的转矩与换挡开始前变速器的稳定输出转矩的比值，其数学表达式为

$$K_T = T_s / T_0 \tag{8-31}$$

式中：K_T 为变速器输出转矩传递系数；T_s 为换挡过程中变速器输出轴的转矩（N·m）；T_0 为换挡开始前变速器的稳定输出转矩（N·m）。

转矩传递系数不仅能够反映换挡过程中变速器传递转矩的能力，而且能够反映换挡前与换挡过程中转矩下降的幅度和产生的动载荷大小程度。在换挡过程中，转矩传递系数越大，表明变速器传递转矩的能力就越大；换挡前与换挡过程中转矩下降的幅度和产生动载荷的程度就越小，产生的动载荷就越小。对于拖拉机来说，转矩传递系数越大，换挡动力性越好，传动系统的耐久性就越好。所以，要求在换挡过程中转矩传递系数尽量大。

8.4.3 变速器输出转矩

拖拉机 DCT 在田间高负载复杂作业情况下进行换挡，如果在换挡期间，变速器的输出转矩过小或者中断，拖拉机就无法正常作业。变速器输出转矩能够直观地表示拖拉机动力性，因此需要对变速器输出转矩的大小进行评价，并以此作为换挡品质的评价指标。变速器输出转矩是换挡过程中变速器奇数挡输出轴和偶数挡输出轴的输出转矩之和，其数学表达式为

$$T_s = T_{s1} + T_{s2} \tag{8-32}$$

因为拖拉机在田间高负载复杂情况下作业需要很大的转矩来克服外界阻力，所以要求在换挡过程中变速器输出的转矩越大越好，以保证拖拉机的动力性。

参 考 文 献

陈家瑞，2009. 汽车构造：上册［M］. 3 版. 北京：机械工业出版社.

陈家瑞，2009. 汽车构造：下册［M］. 3 版. 北京：机械工业出版社.

陈小平，于盛林，2003. 实数遗传算法交叉策略的改进［J］. 电子学报，31（1）：71－74.

陈勇，2008. 自动变速器技术的最新动态和发展趋势［J］. 汽车工程，30（10）：938－944.

葛安林，2001. 自动变速器（一）：自动变速器综述［J］. 汽车技术（5）：1－3.

葛安林，2001. 自动变速器（六）：电控机械式自动变速器［J］. 汽车技术（10）：1－4.

葛安林，2002. 自动变速器（九）：变速器自动控制系统（上）［J］. 汽车技术（1）：1－4.

葛安林，2002. 自动变速器（九）：变速器自动控制系统（中）［J］. 汽车技术（2）：1－5.

葛安林，2002. 自动变速器（九）：变速器自动控制系统（下）［J］. 汽车技术（3）：1－5.

郭晓林，胡纪滨，苑士华，等，2006. DCT 系统换挡品质的控制方法［J］. 机械科学与技术，25（6）：
　698－701.

何涛，2005. 自动变速器换挡控制技术的研究［D］. 北京：北京林业大学.

胡丰宾，孙冬野，秦大同，等，2010. DCT 双离合器联合起步模式建模与仿真［J］. 江苏大学学报（自然
　科学版），31（1）：19－25.

贾云海，2007. 多盘湿式摩擦离合器的设计与性能研究［J］. 矿山机械，35（3）：51－53.

荆崇波，苑士华，郭晓林，2005. 双离合器自动变速器及其应用前景分析［J］. 机械传动，29（3）：
　56－58.

李国政，2004. 拖拉机机械变速箱自动换挡控制技术研究［D］. 北京：中国农业大学.

李兴华，黄宗益，李庆，1999. 轿车自动变速器机械传动方案研究［J］. 机械设计与研究（2）：56－59.

林腾蛟，张世军，吕和生，2010. 湿式摩擦离合器流道结构对油压分布的影响［J］. 重庆大学学报，33
　（3）：13－18.

刘春玲，2004. 发动机负荷特性曲线研究［D］. 长春：吉林大学.

刘玺，2011. 湿式双离合器自动变速器换挡过程关键技术研究［D］. 长春：吉林大学.

刘昭度，1995. 近期欧美拖拉机变速箱的发展研究［J］. 安徽工学院学报，14（1）：7－15.

刘振军，郝宏伟，董小洪，等，2011. 湿式双离合器自动变速器换挡控制与仿真分析［J］. 重庆大学学报，
　34（1）：7－14.

鲁统利，王衍军，2009. 基于模糊控制的双离合器式自动变速器起步过程仿真研究［J］. 汽车工程，31
　（8）：746－750.

秦大同，赵玉省，胡建军，等，2009. 干式双离合器系统换挡过程控制分析［J］. 重庆大学学报，32（9）：
　1016－1023.

覃维献，2009. 汽车液力自动变速器换挡规律研究及其教学仿真系统开发［D］. 长沙：湖南大学.

闻新超，周琳霞，牛凯，2003. 一种基于混合编码的遗传算法［J］. 电子技术（1）：60－63.

吴光强，孙贤安，2009. 汽车无级变速器技术和应用的发展综述［J］. 同济大学学报（自然科学版），37
　（12）：1642－1647.

吴光强，杨伟斌，秦大同，2007. 双离合器式自动变速器控制系统的关键技术［J］. 机械工程学报，43

（2）：13-18.

席军强，丁华荣，陈慧岩，2002. ASCS 与 AMT 的历史、现状及其在中国的发展趋势 [J]. 汽车工程，24（2）：89-93.

徐立友，2007. 拖拉机液压机械无级变速器特性研究 [D]. 西安：西安理工大学.

徐立友，曹青梅，周志立，等，2009. 拖拉机变速箱发展综述 [J]. 农机化研究，31（12）：189-192.

轩睿，2006. 载货汽车电控机械式自动变速器控制策略研究 [D]. 长春：吉林大学.

杨为民，1999. T150K 负载换挡变速箱液压操纵系统分析 [J]. 拖拉机与农用运输车（6）：34-35.

姚宝刚，2006. 现代农业与农业机械化发展 [J]. 农业机械学报，37（1）：79-82.

叶明，2009. 机械自动变速传动建模与仿真及试验软件开发 [D]. 重庆：重庆大学.

郁飞鹏，2006. 大型轮式拖拉机动力换挡变速箱控制系统的研究 [D]. 河南：河南科技大学.

张文春，2007. 汽车理论 [M]. 北京：机械工业出版社.

张裕强，2008. 基于 DCT 结构的动力换挡模型与液压控制特性的研究 [D]. 重庆：重庆工学院.

赵铡水，杨为民，2010. 农业拖拉机技术发展观察 [J]. 农业机械学报，41（6）：42-48.

周志立，方在华，2010. 拖拉机机组牵引动力学 [M]. 北京：科学出版社.

宗柏华，2004. 拖拉机自动变速及作业机组综合控制研究 [D]. 北京：中国农业大学.